喀斯特地区生态学野外实习指导书

臧丽鹏　杨　瑞　隋明浈　主编

图书在版编目(CIP)数据

喀斯特地区生态学野外实习指导书 / 臧丽鹏，杨瑞，隋明浈主编. -- 西安 ：西安交通大学出版社，2024.8.

ISBN 978-7-5693-2772-4

Ⅰ. Q14

中国国家版本馆 CIP 数据核字第 2024L3M192 号

书　　名　喀斯特地区生态学野外实习指导书
KASITE DIQU SHENGTAIXUE YEWAI SHIXI ZHIDAOSHU

主　　编　臧丽鹏　杨　瑞　隋明浈

责任编辑　王建洪

责任校对　史菲菲

装帧设计　伍　胜

出版发行　西安交通大学出版社
（西安市兴庆南路1号　邮政编码 710048）

网　　址　http://www.xjtupress.com

电　　话　(029)82668357　82667874(市场营销中心)
(029)82668315(总编办)

传　　真　(029)82668280

印　　刷　西安五星印刷有限公司

开　　本　787mm×1092mm　1/16　**印张**　12.125　**字数**　260千字

版次印次　2024年8月第1版　2024年8月第1次印刷

书　　号　ISBN 978-7-5693-2772-4

定　　价　35.80元

如发现印装质量问题，请与本社市场营销中心联系。

订购热线：(029)82665248　(029)82667874

投稿热线：(029)82665379　QQ:793619240

读者信箱：793619240@qq.com

编委会

主　编　臧丽鹏　杨　瑞　隋明浈

副主编　陈丹梅　刘庆福　张广奇

编　者　陈路瑶　李　维　蒙胧晨曦
刘启洋　赵勇强　陈应群
邵雪蓉　田景才　侯梦婷
李玉娟　王　硕　姜　艺
张前飞　宋继慧　陈　琪
胡佳欣　张珂欣　向娅雄

前言

生态学是一门研究生物与环境之间相互作用的综合型学科，为生态环境的保护和社会的可持续发展提供了重要的理论和实践基础。作为一门实践性较强的课程，实习是该学科教学实践的重要组成部分，通过开展实地考察、数据采集、野外操作等活动，可以帮助学生进一步理解和掌握学科知识，锻炼学生的实际操作和独立思考能力。

我国喀斯特地貌分布广泛，在独特的地质背景和气候条件下，西南岩溶山地石漠化生态脆弱区发育形成了以亚热带常绿落叶阔叶混交林为主的植被类型，吸引了众多生态学者前往实地考察和研究。但是，目前仍缺乏针对喀斯特地区生态学野外实习的参考书，且该地区特殊的生境条件限制造成一些常规野外调研手段缺乏针对性，导致学生在实习过程中往往面临信息获取困难和实践指导不足的问题。本书结合喀斯特地区特有的水文、地貌和植被特征，在总结、归纳生态学理论教学与喀斯特地区野外实践经验的基础上编写了 27 个野外实习项目，且对各个项目的基本内容、实习步骤以及数据处理等进行了较为全面的介绍。本书涵盖个体生态学、种群生态学、群落生态学、生态系统生态学、景观生态学 5 个层面的内容，可作为林学、生态学、环境科学、植物保护学等专业学生的喀斯特地区野外实习参考书。

本书共有 5 章内容，其中，刘庆福和张广奇主要负责撰写前言及实习区域概况部分并完成书稿的通篇校稿工作，杨瑞负责撰写个体生态学部分，臧丽鹏负责撰写种群生态学和群落生态学两部分，隋明浈负责撰写生态系统生态学部分并设计实习过程中的主要使用表格，陈丹梅负责撰写景观生态学部分并对本书的参考文献进行整理。由于编者水平有限，书中难免存在纰漏之处，恳请使用本书的教师、学生和有关科学工作者提出宝贵意见。

编 者

2024 年 5 月

目录

实习区域概况

“喀斯特”，即“岩溶”，是石灰岩、白云岩、石膏、岩盐等可溶性岩石在水的化学溶蚀作用以及水流侵蚀、冲蚀和重力崩塌等机械过程的破坏和改造下形成的独特自然景观。喀斯特地貌在全球分布范围极广，总面积约占全球陆地面积的15%。中国几乎所有省份都有喀斯特的分布，是世界上喀斯特分布最广泛的国家之一。碳酸盐类岩石（如石灰岩、白云岩等）是喀斯特地貌发育最重要的物质基础，中国碳酸盐岩出露面积约 130×10^4 km^2，约占国土总面积的13.5%。其中，以云贵高原为中心的贵州、云南、广西、四川、湖南、湖北、重庆和广东8个省（自治区、直辖市）组成的西南喀斯特地区，是世界上最大的连片裸露碳酸盐岩分布区。

在地质构造运动的影响下，青藏高原快速隆起，塑造了西南地区以高山峡谷为主的地貌条件，碳酸盐岩的连片分布及潮热气候条件下的集中降雨，为喀斯特的强烈发育提供了良好的条件，形成了丰富的喀斯特地貌类型、完整的喀斯特演化序列以及众多典型的地表和地下喀斯特景观。喀斯特生态环境具有多样性与脆弱性并存的特点，不同类型和不同发育阶段的喀斯特地貌对光、温、水、气等环境因素的再分配造就了多样化的生态环境，而地质背景的特殊性又决定了喀斯特地区环境容纳量小、抗干扰能力差的特点。

在特殊的气候条件以及人类活动，尤其是传统刀耕火种农业活动的影响下，西南喀斯特地区原有植被被毁坏，水土流失严重，岩石裸露面积大幅增加，石漠化现象严重。石漠化是喀斯特地区水土流失、生态恶化的极端形式，其扩展趋势一旦得不到有效遏制，将严重威胁喀斯特地区的可持续发展，甚至危及长江、珠江流域地区的生态安全。党的十八大报告明确提出“五位一体”总体布局，将生态文明建设放在突出地位。2020年，国家发展和改革委员会、自然资源部联合印发了《全国重要生态系统保护和修复重大工程总体规划（2021—2035年）》，布局了长江上中游岩溶地区石漠化综合治理重点工程。在地质、气候、水文等多种因素的综合影响下，针对喀斯特地区开展生态学教学实践活动，对于理解和掌握喀斯特地区森林生态系统发展和演化规律具有重要意义，能为西南喀斯特地区生态环境的保护和地区经济社会的可持续发展提供重要的理论和实践基础。

1. 地质背景与地貌特征

西南喀斯特地区地形地貌以高原山地为主，其次为丘陵和平原，广泛分布质纯、层厚、钙镁含量较高的可溶性碳酸盐岩。典型的喀斯特地貌是指在可溶性岩石（如石灰岩和白云岩等含有高纯度碳酸盐的基岩）上以溶蚀作用为主发育的地貌类型。

碳酸盐岩在我国分布广泛，主要集中在广西、贵州、云南东部地区，在湖南西部、湖北西部、四川东部、山东、山西等地也有分布。从震旦纪至三叠纪，我国西南地区每一个地质年代的地层都有不同程度的碳酸盐岩沉积和出露，累计厚4000～7000 m。第四纪以来，在地质构造运动的影响下，地壳间歇性的抬升和沉降导致刚性的碳酸盐岩破碎、变形，塑造了高山峡谷的基本地貌形态。岩石在不同地质构造部位破碎、变形、断裂程度的不同，导致了地表与地下汇水条件与径流状态的差异，形成了多样化的溶沟、溶隙、落水洞、干谷、漏斗、洼地、石芽、石林、峰林、峰丛、喀斯特丘陵、喀斯特盆地等地表景观以及溶洞、地下河、地下湖等地下景观，构成了一套完整的典型喀斯特地貌。

2. **气候条件**

气候条件是喀斯特发育的重要外营力，对地表和地下喀斯特的发育起着区域性的控制作用。西南喀斯特地区处于热带、亚热带湿润气候区，区内降雨充沛，年降雨量800～2000 mm，年平均气温15～20 ℃，在这种气候条件下，岩石化学溶蚀作用强烈，地表、地下径流长期溶蚀碳酸盐岩，形成了发育充分、丰富多样的喀斯特地貌形态及洞穴系统，为岩溶地下水的形成、运移和储存提供了良好的水文地质条件。

3. **水文特征**

丰富的降水和高温为西南地区碳酸盐岩的溶蚀提供了良好的条件，形成了独特的由地表水系统和地下水系统组成的二元三维空间地域水文地质结构。碳酸盐岩的母岩与土壤之间缺少土壤剖面C层(母质层)，两者间的亲和力和黏着力差，一旦遇上大雨，极易产生水土流失，导致喀斯特地区土层浅薄，持水能力差，地表漏水严重，水土保持十分困难。喀斯特地区虽地处湿润气候区，降水充沛，但到达地面的大气降水很难在地表留存，通常迅速经岩石裂隙、陡坡、竖井、落水洞等渗入地下，或在洼地、溶蚀盆地中汇集后进入喀斯特地下水系统中，形成了水土分离的水文空间格局。

受这种水文格局的影响，喀斯特地表偶发性和临时性干旱时有发生，土壤贮水量低，降雨后土壤保持的田间持水量仅能供应植物1～2周的蒸腾需要，稍遇连续不雨的天气，植物将遭受干旱胁迫，具有胁迫发生频率高但持续时间相对较短的特点。而在暴雨期，地下溶洞岩溶通道排水不畅，又容易导致地下水位上升并溢出地表，造成局部性的内涝。

4. **土壤特性**

土壤是在气候、地形、母质、生物和时间综合作用下的产物，是长期岩石风化和成土过程共同作用的结果。母质对土壤的物理结构和化学组成有着直接影响，是土壤形成的物质基础。碳酸盐岩是西南喀斯特地区最主要的成土母质。碳酸盐岩主要由白云石和方解石两种碳酸盐矿物组成，以白云石为主的碳酸盐岩称为白云岩，以方解石为主的碳酸盐岩称为石灰岩。

组成成分和结构的差异使得白云岩和石灰岩在物理力学性质上的差异较大：白云岩主要由白云石(50%以上)组成，硬度较大，用铁器易擦出划痕；石灰岩，硬度一般不大。二者在外观上非常相似，但白云岩风化面上常有白云石粉及纵横交错的刀砍状溶沟，遇稀盐酸缓慢起泡或不起泡，而石灰岩可与稀盐酸发生剧烈化学反应。

岩性对土壤的形成十分重要，一般认为，碳酸盐岩成土作用主要以化学风化为主。碳酸盐岩主要成分是 $CaCO_3$、$MgCO_3$ 等易溶物质，其中含碎屑矿物和杂质很少，Si、As、Fe 等成土元素含量也很低，且岩石中所含碳酸盐矿物相对稳定，不容易被一般的物理和化学作用破坏，因此风化剥蚀速度和成土速率非常缓慢，形成 1 cm 厚的土层，至少需要 4 万年。而碳酸盐岩与土壤之间较差的亲和力和黏着力导致 90% 的风化物在淋溶过程中随水流失，最后成为土壤的物质来自碳酸盐岩中的杂质，因此喀斯特地区通常土层很薄且保水保肥能力较差。

典型喀斯特岩性为连续性灰岩、连续性白云岩，土壤类型主要有红壤、黄壤等，母质岩性和成土环境是碳酸盐岩土壤质地和颜色的重要影响因素。受母质岩性影响，不同纯度的母岩上可能发育出黏土、黏壤土、粉砂质黏土、粉砂质黏壤土等不同质地的土壤。在西南气温较高的低海拔地区，如地势较为平坦开阔的丘陵、缓坡地和岩溶平原，成土母质多为坡积物，且在高温以及土壤水分条件的干湿交替作用下，成土环境相对稳定，有利于风化作用的持续进行，长期风化作用下氧化铁脱水形成赤铁矿释放出丰富的铁、铝等元素，导致土壤呈现红色。在气温较低的高海拔地区，母质风化强度相对较弱，不利于赤铁矿的形成，主要发育的是酸性的、富含铁铝氧化物的棕色和黄色土壤。在岩溶丘陵顶部、基岩裂隙中或山地与平原之间植被覆盖良好的平地，通常零星分布黑色土壤。这是由于碳酸盐岩发育的土壤中钙含量通常较高，对腐殖质起到了较好的保护作用，有利于有机质的长期积累。因此，在植被覆盖良好的条件下碳酸盐岩发育的土壤有机质含量较高，故多呈深黑色；白色土壤仅零星分布于坡度较大、水土流失明显的部分区域。受降水冲刷和风化作用的影响，喀斯特土壤多分布于洼地，分布不连续且厚度分配不均，土壤中酸性不溶物含量低，一般呈弱碱性。

5. **植被特征**

我国西南喀斯特地区有常绿阔叶林、常绿落叶阔叶混交林、次生落叶阔叶林等多种植被类型。常绿阔叶林是亚热带湿润地区由常绿阔叶树种组成的地带性森林类型，其乔木层多为壳斗科的常绿树种，在我国西南地区广泛分布。

由于人类不合理的社会经济活动，西南喀斯特地区植被退化和水土流失现象日益严重，常绿阔叶林不断退化，典型常绿阔叶林被破坏后，阳性树种侵入，使植被发展成为常绿落叶阔叶混交林。常绿落叶阔叶混交林是落叶阔叶林和常绿阔叶林的过渡森林类型。地带性常绿落叶阔叶混交林是西南地区代表性的植被，通常发育于土层较薄的石灰岩和白云岩基质上。保留完好的喀斯特常绿落叶阔叶混交林通常具有较高的物种多样性，虽然林下基岩裸露，但土壤腐殖质含量高，土质肥沃，枯落物和植物根系十分丰富，蓄水保肥能力较好，为植物生长发育提供了十分优越的条件，如贵州省茂兰国家级自然保护区和广西壮族自治区木论国家级自然保护区内的原生性较强的常绿落叶阔叶混交林。落叶阔叶林是温带最常见的森林类型，落叶阔叶树种通常喜阴、喜湿，主要集中在一些湿润的低洼地带，在西南喀斯特地区分布面积较小。

喀斯特地区水文地质结构特殊，裂隙漏斗发育，土层薄，生境严酷，是一种典型的钙生性环境，对适生植物具有高度的选择性。对环境要求较高的喜湿性植物甚至是普适性植物在喀斯特地区通常难以生存，只有在生理上表现出喜钙性、耐贫瘠性、耐旱性和石生性的植物种群能适应攀附岩石生长，并在裂缝中汲取正常生长所必需的营养。基岩的大面积裸露、碳酸盐岩强可溶性导致喀斯特地表溶沟、溶缝等发育强烈，破碎化的地表也塑造了不同的小生境，为特定的生物提供了适宜的生存条件，因此喀斯特森林通常特有种丰富，植物种群结构相对简单，植物生长较为缓慢。

第1章 个体生态学

1.1 实习内容一：环境小气候因子测定

1.1.1 概述

环境气候因子是指影响某一地区或生态系统气候特征的因素。这些因素包括温度、湿度、降水量、风速、光辐射等，它们共同决定了某一地区的气候条件。环境气候因子对生物的生长、繁殖、分布等方面都有重要影响（陈飞 等，2012），因此研究和了解环境气候因子对于生态学、气候学、农业等领域具有重要意义。

1.1.2 实习工具

温度计；湿度计；雨量计；风速测定仪；照度计。

1.1.3 数据获取

1. 地段的选择和测点的设置

自然地理条件包括地形地貌、植被覆盖以及土壤分布等因素，对局域小气候的形成与特征具有显著影响。因此，在选取局域小气候观测的地段时，务必全面考量这些自然地理因素的作用。观测地段的选取需兼具代表性和比较性，确保能够真实反映该区域小气候的普遍特征，同时也便于与其他地段进行对比分析。此外，观测地段应具有一定的空间范围，以容纳足够的自然地理变化，从而提高观测结果的准确性。

在设置基本测点时，优先选择地段的中央位置，因为该区域受周边环境的干扰小，其小气候特征更具代表性。为确保观测数据的可靠性，各测点与地段边缘的距离应保持在 2 m 以上。若观测地段与周围环境的差异显著，或地段周边存在显著的人为影响因素（如临近公路、沟渠等），则测点与地段边缘的距离应适当增加至 3～5 m，以最大限度地减少外部因素对观测结果的干扰。

2. 观测程序

局域小气候的观测程序需根据具体的观测内容和项目灵活编制，以确保数据的有效性和准确性。由于涉及的观测项目众多，包括温度、湿度、降水量、风速、光辐射等，故完整观测一遍往往需要较长时间。这种情况下，若逐一进行观测，很可能会导致各项数据的记录时间不一致，从而削弱观测数据的时间代表性，降低数据的可比性和科学性。为了消除这种时间误差，提高观测数据的精度，局域小气候观测中常采用往返观测法。观测者在每个正点前后分别进行一次观测，并取两次观测记录的平均值作为该正点的数据。这样，即使各项观测项目的实际观测时间有所差异，通过平均处理也能使它们的观测时间统一到正点时刻，从而保证了观测数据的时间代表性。如果一个人要同时对几个测点进行观测，则应以正点为对称时间，采取测点往返观测法，各测点的观测项目数据均取前后两次观测记录的平均值。例如，若有3个测点，则观测的顺序为：1→2→3→3→2→1。如果是多人配合，可以做到同时观测，则不必采用往返观测法。

3.**具体项目测定**

（1）空气温度测定。温度会随太阳辐射的时空变化呈现出相应的变化特征。这种变化在群落内部更显著，因为群落能够形成独特的微环境，其温度的空间分布和时间变化往往与群落外存在显著差异。测定气温时，把温度计放在测点，数分钟后，读数记录即可。

（2）空气湿度测定。测定湿度时，在湿球温度计下端的水槽中注满水，在探头上绑上纱布，把纱布的另一端放进水槽中，然后把湿球温度计置于测点处（注意要置于空气流通处）。由于水分蒸发吸收热量，故湿球温度计的温度会比干球温度计的温度低，由两者的温度差反映出空气的湿度。几分钟后，分别读取干球温度计的温度和湿球温度计的温度，根据干球温度计的温度和湿球温度计的温度的大小及两者的温度差，从温度计后面的表中，便可查出相对湿度的大小。空气湿度通常用相对湿度表示。相对湿度是指在一定的温度下，空气中的实际水汽压（e）与该温度下空气的饱和水汽压（e_m）的比率（以百分比表示），即

$$相对湿度=\frac{e}{e_m}\times 100\%$$

（3）降雨量测定。雨量计应当放置在森林相对稀疏的空隙下，以最大限度地减小误差。将雨量计安置在测点内固定架子上，器口保持水平，距地面高度70 cm。冬季积雪较深地区，应在其附近安装一个能使雨量计器口距地高度达到1.0～1.2 m的架子，当雪深超过30 cm时，应把仪器移至架子上进行观测。大部分的雨量计都以毫米作为测量单位。雨量计的读数可以用手工读出并记录或者使用自动气象站（AWS），观测的频率可以根据采集者的要求而变化。

（4）风速测定。将数字式风速测定仪或手持风速测定仪放置在距地面0.5 m和1.5 m处，记录风速，并注意不同高度风速的变化。

（5）太阳辐射强度测定。测定时，在照度计的电池槽内装上电池，把光电头插头插入仪器插孔，打开开关及探头盖，待照度计显示屏上数字稳定后，把光敏探头置于想要测的光源处，便可读数。

最后，对相关气候指标进行测定并将数据记录至表A-1、表A-2（见附录）。

1.2 实习内容二：地形因子测定及量化

1.2.1 概述

地形，尤其微地形是驱动土壤特征空间异质性的重要因素（赵晗 等，2022）。微地形能够改变坡面光照、土壤水分及养分等生境条件的分布，进而会对植物群落的结构、演替及分布造成显著影响（石若莹 等，2021）。了解和研究地形因子，有助于有效保护和管理植被资源，对森林生态系统的恢复具有重要意义。本节实习内容主要针对局部地形因子的测定，将重点学习两种测定方法，一是利用全站仪结合全球定位系统（GPS）定位仪进行测定，二是利用即时定位与地图构建（SLAM）[①]激光雷达技术结合实时动态差分定位（RTK）技术进行测定。样地大小为30 m×30 m，样地建设示意图如图 1－1 所示。

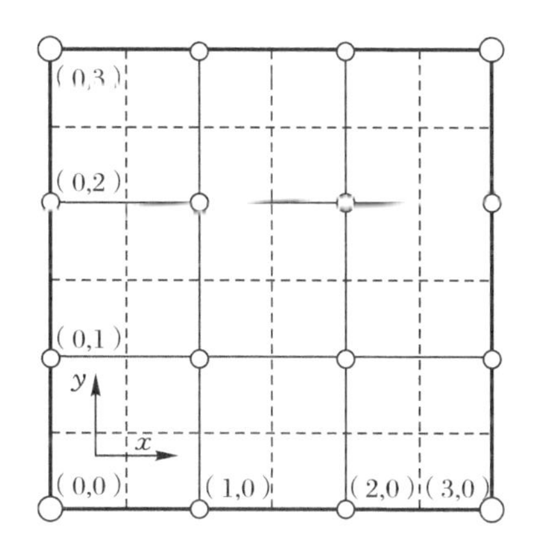

图 1－1　样地建设示意图[②]

1.2.2 实习工具

（1）GPS 定位仪：集思宝 A8 北斗手持 GPS 定位仪。

（2）全站仪一套（主机、三脚架、棱镜、标杆）：RTS-822R10M 全站仪。

（3）RTK 一套（主机、碳素杆、三脚架）：云帆 RTK、极点 RTK。

（4）手持激光雷达：SLAM100 手持激光雷达扫描仪。

---

① SLAM 的全称为 simultaneous localization and mapping，即“即时定位与地图构建”，可以通过激光传感器感知周围的环境，并将不同时刻感知的环境进行匹配套合，从而反推本体在环境中的位置及运动轨迹。

② 注：大圆表示 60 mm 聚氯乙烯（PVC）管，小圆表示 45 mm PVC 管；图中粗实线表示样地的界定（30 m×30 m），细实线表示各样方的范围（10 m×10 m），虚线代表小样方的划分。

1.2.3 数据获取

1.方法一:利用全站仪获取数据

(1)样地位置选择。通过前期查阅相关资料以及现场调查,根据研究需要选择典型喀斯特地段建立样地,样地应尽量避开悬崖、陡坡等难以通行的地方,且样地应远离林缘、远离道路,尽量避免人为干扰。

(2)利用GPS定位仪测定样地原点(0,0)的绝对坐标及绝对高程。

(3)利用全站仪测定样地内每个样方4个角点的相对坐标及相对高程。

①将全站仪固定在三脚架上,调节三脚架至适合高度,对全站仪初步整平;新型全站仪具有激光对点功能,开机后打开激光对点器,松开仪器的中心连接螺旋,在架头上轻移仪器,使显示屏上的激光对点器的光斑对准地面站点的标志,然后拧紧中心连接螺旋,同时旋转脚螺旋使管水准气泡居中,使全站仪稳定且水平。

②仪器对中整平后,用钢卷尺从站点顶端量取至全站仪竖直度盘侧面的十字中心,这个距离就是全站仪的仪器高。

③打开全站仪电源并进行仪器自检。转动照准部和望远镜各一周,对仪器水平度盘和竖直度盘进行初始化(有的仪器无须初始化)。

④将棱镜移到测点位置,棱镜的高度记为杆高,棱镜的高度根据实际情况调节,要保持站点跟测点之间视线通畅,避免障碍物的干扰。

⑤在标准测量状态下,角度测量模式、斜距测量模式、平距测量模式和坐标测量模式之间可互相切换。全站仪精确照准目标后,通过不同测量模式之间的切换,可得到所需的观测值。

⑥方向测量时应照准标杆或觇牌中心,距离测量时应瞄准反射棱镜中心,按测量键显示水平角、垂直角和斜距,或显示水平角、水平距离和垂距。样地测定结果记录至表A-3(见附录)。

各站点与测点示意图如图1-2所示。

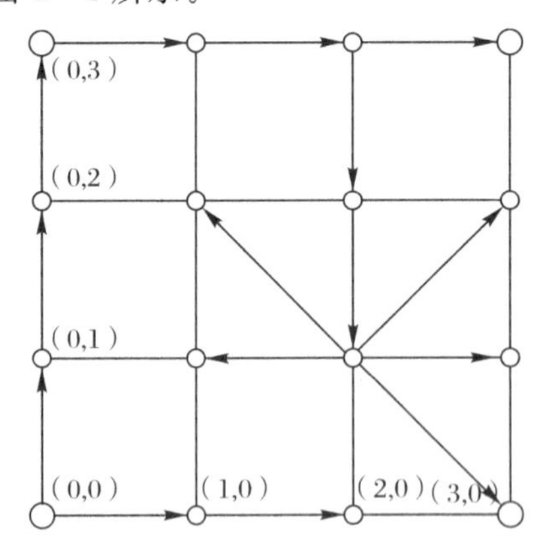

图1-2 各站点与测点示意图[①]

① 注:站点的位置/个数根据实际情况而定,每个站点能观测到的测点也会根据站点与测点的通视情况而定。

2. 方法二:利用 SLAM 激光雷达技术结合 RTK 技术获取数据

(1)样地位置选择。通过前期查阅相关资料以及现场调查,根据研究需要选择典型喀斯特地段建立样地,样地应尽量避开悬崖、陡坡等难以通行的地方,且样地应远离林缘、远离道路,尽量避免人为干扰。

(2)利用 RTK 确定样地范围大小。在网络通信稳定的地方,可以直接使用网络 RTK 模式,无须架设基准站,手持极点 RTK 作为流动站(移动站),便可以准确地对矩形样地的 4 个角点进行定位,从而确定矩形样地的范围并获取样地 4 个角点的绝对坐标及绝对高程。若在网络通信不稳定或者无网络的地方,则需要架设基准站。首先将云帆 RTK 作为基准站架设在开阔且视野好的地方,然后将极点 RTK 作为流动站,便可以准确地对矩形样地的 4 个角点进行定位,从而确定矩形样地的范围并获取样地 4 个角点的绝对坐标及绝对高程。将 4 个角点作为 4 个控制点,后续用于激光雷达点云数据配准。

(3)激光雷达点云数据采集。如图 1-3 所示,手持激光雷达扫描仪从样地的 1 个角点出发,在样地内绕 S 形路线缓慢前进;在每个角点位置停留 1 分钟左右,同时用手机操控添加虚拟的控制点,后续与 RTK 获取的实际控制点匹配,由此可以确定每一个激光点云的绝对坐标与绝对高程。由此,获取林下地形点云数据、树干点云数据以及部分树冠点云数据。

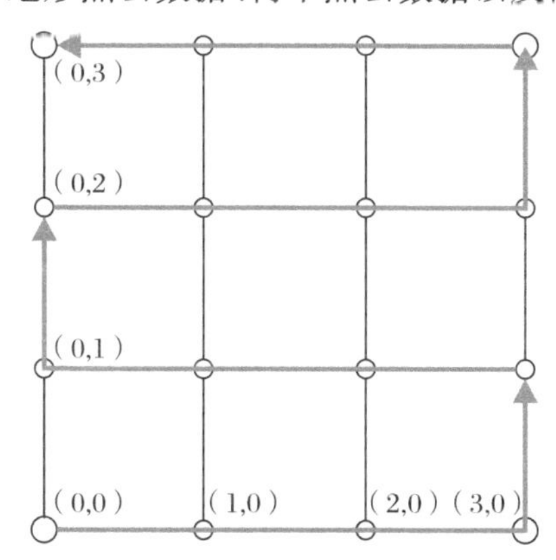

图 1-3 激光雷达点云数据采集路线示意图

1.2.4 数据处理

1. 对全站仪结合 GPS 定位仪获取的数据进行处理

(1)结合样地原点的绝对高程与全站仪测定的相对高程数据获取样地的高程信息。利用全站仪采集到的数据进行高程测量。高程测量是指测量地表的高程,可以通过全站仪进行高程差测量或三角测量,得到地形特征的高程信息。根据已知点的绝对高程、水平角、垂直角以及两点之间的水平距离,可利用三角测量原理计算出另一个点的绝对高程。同理,以此计算出样地内所有点的高程信息。

(2)利用样地高程数据构建数字高程模型。数字高程模型(digital elevation model,DEM),是通过有限的地形高程数据实现对地面地形的数字化模拟(即地形表面形态的数字化表达)。它是用一组有序数值阵列形式表示地面高程的一种实体地面模型,是数字地形模型的一个分支,其他各种地形特征值均可由此派生。DEM 可以通过测量数据和插值算法,将地表的高程信息表示为栅格或点数据,以便进行地形分析和可视化。

(3)基于 DEM 计算坡度、坡向、粗糙度等地形因子。以 ArcMap 10.8.1 软件为例,可利用该软件的地形指标提取功能,基于 DEM 数据进一步计算坡度、坡向、粗糙度、起伏度、坡度变率(剖面曲率)、坡向变率(平面曲率)等地形因子。

①坡度。坡度是指地面或道路的倾斜程度,通常用百分比或角度来表示。坡度越大,表示倾斜程度越大。通常,坡度是指某一段长度上的高度变化与水平距离的比值。

提取方法:将 DEM 高程数据导入 ArcMap 软件中→点击【系统工具箱】→点击【Spatial Analyst Tools】→点击【表面分析】→使用【坡度】工具便可计算得到坡度数据。

②坡向。坡向是指地面或地形倾斜的方向。坡向的确定通常是确定地面倾斜的主导方向,即地面倾斜向哪个方向。坡向对于地形分析、水文学、土地利用规划等领域都具有重要意义。坡向会对太阳辐射、水分分布、植被生长等产生影响,因此在地形分析和规划设计中需要考虑坡向的影响。

提取方法:将 DEM 高程数据导入 ArcMap 软件中→点击【系统工具箱】→点击【Spatial Analyst Tools】→点击【表面分析】→使用【坡向】工具便可计算得到坡向数据。

③粗糙度。地面粗糙度是一个描述地表形态宏观特征的指标,它表示特定区域内地球表面积与其投影面积之比。在栅格数据模型中,每个栅格单元代表地表的一个小块区域,因此我们可以通过计算每个栅格单元的表面积与其投影面积之比来近似估计整个区域的地面粗糙度。

提取方法:将 DEM 高程数据导入 ArcMap 软件中→点击【系统工具箱】→点击【Spatial Analyst Tools】→点击【表面分析】→使用【坡度】工具提取得到坡度数据层,命名为"Slope"。需要注意,在 ArcMap 中,Cos 使用弧度值作为角度单位,但是使用【坡度】工具提取的坡度值是角度单位,所以在计算时应该提前把角度单位转化为弧度单位,即在角度值后面乘上 $\pi/180$。具体步骤:点击【系统工具箱】→点击【Spatial Analyst Tools】→点击【地图代数】→点击【栅格计算器】工具,公式为 1/Cos("Slope" * 3.14159/180),即可得到地面粗糙度数据层。

④起伏度。地形起伏度是一个重要的地形参数,用于量化特定区域内地形的垂直变化程度。根据地形起伏度的定义,它指的是在某一区域内最高点的海拔与最低点海拔之间的差值,即极差。这个指标能够有效地描述一个区域内地形的宏观特征,对于地理分析、环境评估、城市规划等领域都具有重要意义。

提取方法:将 DEM 高程数据导入 ArcMap 软件中→点击【系统工具箱】→点击【Spatial Analyst Tools】→点击【邻域分析】→使用【焦点统计】工具→统计类型选择为"RANG",便可计算得到起伏度数据。

⑤坡度变率(剖面曲率)。地面坡度变率是指地面坡度在微分空间的变化率,是依据坡度的求算原理,在所提取的坡度值的基础上对地面每一点再求算一次坡度,即坡度之坡度(slope of slope,SOS)。坡度是地面高程的变化率的求解,因此坡度变率代表了地表面高程相对于水平面变化的二阶导数。坡度变率在一定程度上可以很好地反映剖面曲率信息,也就是地表高程变化率大小。

提取方法:将DEM高程数据导入ArcMap软件中→点击【系统工具箱】→点击【Spatial Analyst Tools】→点击【表面分析】→使用【坡度】工具提取得到坡度数据层,命名为"Slope";再次使用【坡度】工具,对"Slope"坡度数据二次提取坡度,得到坡度变率数据"SOS"。

⑥坡向变率(平面曲率)。地面坡向变率是指在提取坡向的基础上提取坡向的变化率,也叫坡向之坡度(slope of aspect,SOA)。它可以很好地反映等高线的弯曲程度。地面坡向变率在所提取的地表坡向矩阵的基础上沿袭坡度的求算原理,提取地表局部微小范围内坡向的最大变化情况。需要注意,SOA在提取过程中,在北面坡将会有误差产生。北面坡坡向值范围为0°～90°和270°～360°,在正北方向附近,如15°、345°两个坡向差值只是30°,而计算结果却是330°,所以要对北坡地区的坡向变率误差进行纠正。

提取方法:求取原始DEM数据层的最大高程值,这个可以通过图层目录数据的值域得到或者直接右键点击图层属性,查看"源"选项卡下面的统计信息。例如,假设高程数据的最高海拔为492.72 m。点击【系统工具箱】→点击【Spatial Analyst Tools】→点击【地图代数】→点击【栅格计算器】工具,输入公式为FDEM＝492.72－DEM,得到与原来地形相反的DEM数据层"FDEM"。使用【坡向】工具,对"FDEM"数据提取坡向得到坡向数据"FDEM1",然后对"FDEM1"数据使用【坡度】工具提取坡度,得到反地形的坡向变化率数据"SOA2";和前面提取"SOA2"数据一样,先使用【坡向】工具,对原始DEM数据提取坡向得到坡向数据"DEM1",然后对该数据使用【坡度】工具提取坡度,得到原始DEM数据的坡向变化率数据"SOA1"。再次使用【栅格计算器】,输入公式为SOA＝((SOA1＋SOA2)－abs(SOA1－SOA2))/2,即可得到无误差的DEM坡向变率。

2.对SLAM激光雷达技术结合RTK技术获取的数据进行处理

(1)激光雷达点云数据解算。利用相关的激光雷达点云数据解算软件对采集到的点云数据进行解算,以此获得标准格式的点云数据(".laz"".las"),以用于后续分析。

以"无人机管家专业版"软件中内嵌的SLAM GO POST模块为例,对点云数据进行解算。该模块专门对SLAM100手持激光雷达扫描仪采集的数据进行处理,生产高精度、高精细度彩色点云,生产局部全景图,可实现点云数据进行控制点自动提取和坐标转换、滤波优化和浏览等功能。

(2)利用激光雷达点云数据制作数字高程模型(DEM)。利用相关的激光雷达点云数据分析软件,利用标准格式的点云数据制作数字高程模型(DEM),基于DEM可进一步计算坡度、坡向、粗糙度等地形因子。

以北京数字绿土科技股份有限公司研发的“LiDAR360”软件来制作数字高程模型(DEM)为例。“LiDAR360”是一款强大的激光雷达点云数据处理和分析软件,拥有超过10种先进的点云数据处理算法,可同时处理超过300 GB点云数据。软件包含丰富的编辑工具和自动航带拼接功能,可为测绘、林业、矿山领域提供应用。其中,地形模块包含用于标准地形产品生产的一系列工具。点云滤波算法可精确提取复杂环境下的地面点,从而提高地形测绘精度。

(3)基于DEM计算坡度、坡向、粗糙度等地形因子。以ArcMap 10.8.1软件为例,可利用该软件的地形指标提取功能,基于DEM数据进一步计算坡度、坡向、粗糙度、起伏度、坡度变率(剖面曲率)、坡向变率(平面曲率)等地形因子。具体的地形因子提取方法参见前文内容。

1.3 实习内容三:土壤样品采集与常规理化指标测定

1.3.1 概述

土壤是指覆盖于地球陆地表面,具有肥力特征的、能够生长绿色植物的疏松物质层。土壤为植物提供必需的营养和水分,是陆生植物生活的基质(许秋月 等,2024)。土壤也是陆生动物生活的基底和土壤动物赖以生存的栖息场所。生态学家从生物地球化学的观点出发,认为土壤是地球表层系统中生物多样性最丰富、生物地球化学的能量交换与物质循环(转化)最活跃的生命层。土壤无论对于植物还是对于动物而言,都是重要的生态因子,也是人类重要的自然资源。因此,对于不同生态系统土壤理化性质的调查与观测,一直是生态学实习和研究中的一项重要内容。

1.3.2 土壤样品采集

每当描述一块土壤时,一般不可能对整块土壤进行检验,因此必须进行采样。所采集样本需尽可能全面地代表要描述的整体。同时,宜采取预防措施确保土壤在采样和检验间隔期间尽可能不发生变化。通常采样所得的样本称为扰动样本,即采样过程中土壤颗粒变得松散和分离。如需要采集非扰动样本,比如用于微生物学或岩土工程,样本的采集须确保土壤颗粒及孔隙结构能保持原始状态。另外,所选择的采样技术应能够有效采集土壤样本,这些样本可提交实验室进行检验和分析。通过这些分析,可以建立有关自然土壤或人为土壤的分布状况以及其化学、矿物学、生物学组成和物理性质的基本信息。

1. 采样准备

(1)组织准备。为有效完成采样,应组建采样组。采样组由具有野外调查经验且掌握土壤采样技术规程的专业技术人员组成,并在采样前组织学习有关技术文件,熟悉技术规范。

(2)采样器具准备。铁锹、圆状取土钻、螺旋取土钻、GPS、罗盘、相机、卷尺、铝盒、样品袋、样品箱、标签、铅笔、资料夹、工作服、工作鞋、安全帽、药品箱等。

(3)安全准备。野外采样工作具有一定的特殊性与危险性。由于野外环境存在诸多不确定因素,极易发生安全事故,因此在执行野外采样工作前,需要做好相关安全教育与防护准备工作。注意事项如下:

①需要注意防范蛇类、毒蜂类、蚂蟥等动物,应避免前往阴暗潮湿角落,随身携带防虫喷雾与驱蛇药。

②站位要注意避开松动石头、松散土质和湿滑落叶,避免受伤。

③工具的使用必须遵循相应的技术规范。

④开始野外采样前,应当制定相应的路线规划,使用带有定位功能的仪器记录行动轨迹,最好在当地护林员或农户的带领下开展采样工作。

2.采样点的布置

1)布点与样品数容量

采样点的布置应遵循“随机”与“等量”原则。样品是由在样地或样块中随机采集的部分个体构成,其个体之间存在着差异,因此,样品与总体之间也存在一定程度的相似性关系,使得样品可作为总体的代表,但同时也存在着一定程度的异质性,差异越小,则表明样品的代表性越好。因此,为了使样品具有较高的代表性,采样过程中应尽可能避免主观因素影响,使样地中的个体有相同的可能性采入样品,即组成样品的个体应当是随机取自总体。另外,个体数与个体量的大小对样品代表性具有较大影响,一组需要相互比较的样品,其组成应为同样的个体,否则其代表性会大于样本少的个体组成的样品。所以,“随机”和“等量”是决定样品具有同等代表性的重要条件。

2)布点方法

(1)简单随机法。在确定采样区后,将采样区按照一定的面积分割为不同网格,然后为每一个网格编号,随机抽取拟订样品个数的编号,编号对应采样网格号。随机数的获取与使用方法可见《随机数的产生及其在产品质量抽样检验中的应用程序》(GB/T 10111—2008)。简单随机法是一种完全不带主观限制条件的布点方法。

(2)分块随机法。若在采样前对采样区土壤类型有基本了解,区域内包含明显不同类型的土壤,则可将采样区按照土壤类型进行划分,但需确保每块分区内土质均匀,各分区差异明显。接着将每个分区作为一个采样单元,然后再进行随机布点。这种方法的可靠性与代表性依赖于分区的正确性,正确性越高则布点的代表性越高,反之亦然。

(3)系统随机法。将采样区域分成面积相等的几部分(网格划分),每个网格内布设一采样点,这种布点称为系统随机布点。如果区域内土壤土质变化较大,系统随机布点比简单随机布点所采样品的代表性要好。

(4)大型固定样地土壤采样法。结合样地实际情况,将样地分割成若干个 30 m×30 m(或 10 m×10 m,具体根据样地大小而定)的网格,以每个网格结点为基点沿一定方向(可从东、西、南、北、东南、东北、西南、西北随机选取 1 个方向)向外延伸取土样(处于样地边界上的基点只从 5 个方向选取,以保证所有采样点都落在样地内),从距离基点 2 m、5 m 和 15 m 处随机选择 2 处作为延伸采样点,取样深度 0～20 cm。

(5)其他方法。除上述 4 种方法,还有五点取样法、对角线取样法、等距取样法等。其中,五点取样法是特殊的对角线取样法,是小样地中常用的取样方法之一,但由于其只有 5 个采样点,因此不适于较大样地的取样。等距取样法具有较大的主观性,对样地内土壤均质性要求高,容易导致较大误差。对角线取样法主要是使用于规则样地(长方形或正方形)的取样,主要方法是,连接样地对角线,在对角线上每隔一定的距离布置一个采样点。

3. **样品采集**

(1)采样方法。在确定的采样点上,先用土铲除去地面落叶杂物,并将 5～7 mm 表土刮去。用取土铲取样应先铲出一个深度为 20 cm 的耕层断面,再平行于断面均匀地切下一薄土片。用土钻取样应将土钻垂直插入土体至规定的深度,拔出土钻,取下土壤样品,将坑(或眼)填平后再进行下一个采样,最后将各点土样集中起来混合均匀。采样时,应确保每个采样点的取土深度与采样量均匀一致,控制采样时上下层土壤的比例一致。为避免污染和产生化学反应,用于测定微量元素的样品应当使用木制或塑料取土器。

(2)缩分样品。一个混合土样重量在 1 kg 左右为宜,如果采集的样品数量太多,可用四分法舍去多余的土壤。四分法是将采集的样品均匀铺放在干净容器上,碾碎、混匀,铺成正方形,画对角线将土样分成 4 份(见图 1-4),把对角的两份分别合并成一份,保留一份,弃去一份。如果所得的样品仍然很多,可再用四分法处理,直到获得所需数量。

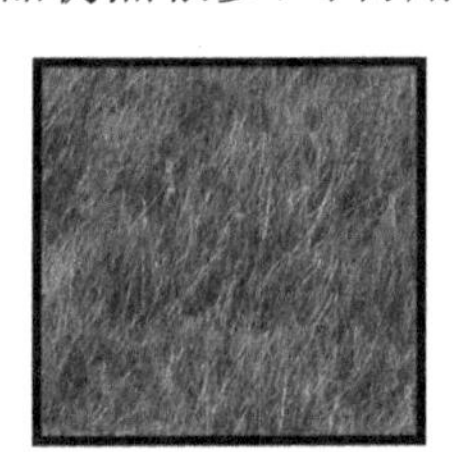

图 1-4　四分法缩分样品示意图

(3)样品标记。采集的样品放入样品袋,用铅笔写好标签(野外采样中,建议使用铅笔),内外各具一张,以防丢失或磨损,标签上需注明样品编号、采样地点、采样日期、采样深度、土壤名称、样点数目及采样人等,同时做好采样记录。

4. **样品保存**

通常,在土壤样品采集完成后,就地混合或经其他处理后装入容器,然后运回实验室。到实验室后,样品分析前可经再次处理。有些可直接保存以备后用。分析结束后,剩下的样品可丢弃或进行保存。当需要进一步分析,以便将来需要核对已测的参数,或进行补充测定时,需对样品进行保存。

从采样开始,各阶段的保存条件都宜仔细选择。由于在运输过程中可能会发生意外延迟,即便计划运输时间较短，样品也应适当保存。样品保存时，需考虑的保存条件有光、温度、湿度、方便性、保存时间、容器种类以及样品保存量等。样品和保存条件的文档记录也同样重要。样品保存时，宜考虑风险和安全性。设计恰当的保存条件对土壤研究十分重要。保存条件选择不当会导致成本增高，也会使样品不适宜将来使用。

1)保存过程中土壤性质可能发生的变化

(1)含水量。土壤样品保存时，容器密封性会影响土壤含水量，采样前应仔细检查容器是否完全密封。

(2)土壤孔隙变化。在样品保存过程中，样品的搬运、堆放可能会对样品造成挤压，改变土壤孔隙。

(3)生物活性变化。温度、光照等环境因子的改变，可能会导致土壤样品内生物活性变化。

2)保存条件

(1)光照。光照会影响某些物质的含量，特别是有机成分，对此应加以考虑和注意，比如使用棕色玻璃瓶或在完全黑暗条件下保存样品。

(2)温度。温度的选择往往十分重要，因为温度会影响样品中生物的活性。因此，温度是设置保存设施时考虑的主要因素。在许多情况下，需要冷藏或冷冻来减弱生物活性(吕宁宁等，2024)。

(3)湿度。除非温度足够低，否则湿度会引起土壤样品的微生物活性或化学性质的改变。所以，控制湿度十分重要。如果样品不是保存在密闭的容器里，保存设施应常年维持低湿度。如果使用密闭的容器，保存期间样品的湿度不会变化。此种情况下，应该确保样品的原始湿度足够低，以抑制微生物活性。

(4)容器与样品量。保存样品时，宜按材质、密封类型和大小仔细选择容器；宜对容器的相关性能进行确认，例如能保护样品免遭污染，并避免样品遭受光线和空气的影响；应遵循适当的清洁和消毒程序。

所需样品量取决于计划的测试项目，如果难以计算，除非材料太贵或者再次分析的可能性很小，否则明智的做法是使保存样品量足够多，以对所需样品量最多的参数进行至少5次测试。此外，为保证统一性，建议保存至少50 g样品。土壤一旦被冻结，分样进行重复分析将十分困难，因此，需冷冻一些分量较少的分样。准备分样时，应注意保证样品的均匀性。

1.3.3 样品预处理

在对土壤相关指标进行实验测定前，需要对土壤进行预处理，以便达到实验要求。针对不同的实验项目，将该过程分为物理分析、化学分析和生物分析。需注意，样品预处理全程需要戴手套，防止污染样品。

1. 土壤理化分析的预处理

1)仪器与工具

烘箱、干燥箱、研钵、镊子、牛皮纸、筛网、电子秤、干净玻璃瓶、橡胶手套。

2)预处理过程

(1)去除样品杂质。通常野外采集的样品中含有石块、木屑、植物根系等杂质,使用含有杂质的土壤进行相关指标测定会造成实验结果误差大、不可信,因此需要剔除这部分杂质。具体方法:将样品铺散在牛皮纸上,使用镊子将样品中的杂质挑选剔除。

(2)干燥。将全部样品放在空气或鼓风干燥箱或冷冻干燥机中进行干燥。将样品干燥至每 24 h 土壤样品的质量损失不大于 5%(质量分数),完成干燥过程后,测定并记录干燥样品的总质量。为了加快干燥过程,在干燥过程中应掰碎较大的土块。样品在空气中干燥时,可用木槌或研钵和研杵轻轻手工压碎土块,但需注意避免污染。

①室温风干:将土壤样品在托盘上摊开,厚度不超过 5 cm,注意使用的托盘不吸收土壤样品水分或给土壤样品造成污染。同时,避免阳光直射,并且温度不超过 40 ℃。阳光直射会在样品之间造成巨大温差,特别是在部分或完全干燥的表层和底层之间。

②干燥箱干燥:将土壤样品在托盘上摊开,厚度不超过 5 cm,注意使用的托盘不吸收土壤样品水分或给土壤样品造成污染。将托盘放在鼓风干燥箱中,在不超过 40 ℃的温度下进行干燥。

(3)研磨。将烘干后的样品倒在铁盘或牛皮纸上,使用干净玻璃瓶反复碾压。不同测定实验要求不同粒径(通常为 2 mm),因此可以一边碾压一边过筛,直到筛出足量的实验样本。

(4)分样。将研磨过筛的样品分装到不同容器中,做好标记,方便后期不同实验用样需求。

2. 土壤生物分析的预处理

由于土壤生物活性极易受到温度、湿度和光照的影响,因此不需要进行烘干,而是在剔除杂质后,再简单磨碎就进行分样。剔除杂质和分样过程与“土壤理化分析的预处理”中相同环节一致,区别在于此处需要尽量减少样品暴露在空气中的时间。

1.3.4 常规理化指标测定

1. 土壤理化性质测定

土壤理化性质测定主要包括土壤 pH 值、含水量、颗粒组成等性质的测定。

1)土壤含水量测定

土壤含水量通常采用环刀烘干法测定,该方法是目前国际上公认的方法。虽然环刀烘干法需要采集土样,扰动了试样,烘干时间也较长,但因其比较准确,且便于大批量测定,故其为最常用的方法。

(1)方法要点。将土壤样品(自然湿土)在 105 ℃的烘箱中烘至恒定质量,计算样品中损失的质量与烘干土质量的比率,即得土壤质量含水量(区别于土壤体积含水量)。如果已测定土壤密度,将土壤质量含水量乘以土壤密度,即得土壤体积含水量。

(2)主要仪器。烘箱,铝盒,干燥器,天平(感量 0.01 g)。

(3)测定步骤。

①称取自然湿土样品若干(精确到 0.01 g),放入已知质量(m_0)的铝盒中,盖好盒盖,称量铝盒加湿土的质量为 m_1。

②揭开盒盖,放入烘箱中,在 105 ℃温度下烘至恒定质量(约 12 h)。注意,含有机物质多的土样(有机物质含量大于 8%)不宜在 105 ℃以上烘烤过久。烘烤完成后取出,放入干燥器内冷却至室温(20~30 min)。

③从干燥器内取出铝盒,盖好盒盖,称量铝盒加烘干土的质量,为 m_2。

(4)结果计算。计算公式为

$$土壤含水量=(m_1-m_2)/(m_2-m_0)$$

式中,m_0 为铝盒的质量,g;m_1 为铝盒加自然土的质量,g;m_2 为铝盒加烘干后土壤的质量,g。此时计算出的含水量为相对含水量,详见林业行业标准《森林土壤含水量的测定》(LY/T 1213—1999)。

2)土壤干物质含量测定

(1)方法原理。土壤样品在(105+5)℃烘至恒重,以烘干前后的土样质量差值计算干物质和水分的含量,用质量分数表示。

(2)仪器与设备。(105±5)℃鼓风干燥箱;装有无水变色硅胶的干燥器;精度为 0.01 g 的分析天平;防水材质且不吸附水分的具盖容器,用于烘干风干土壤时容积应为 25~100 mL,用于烘干新鲜潮湿土壤时容积应至少为 100 mL;2 mm 样品筛。

(3)试样的制备。

①风干土壤试样。取适量新鲜土壤样品平铺在干净的容器上,避免阳光直射,且环境温度不超过 40 ℃,自然风干,去除石块、树枝等杂质,过 2 mm 样品筛。将大于 2 mm 的土块粉碎后过 2 mm 样品筛,混匀,待测。

②新鲜土壤试样。取适量新鲜土壤样品撒在干净、不吸收水分的玻璃板上,充分混匀,去除直径大于 2 mm 的石块、树枝等杂质,待测。

注意:测定样品中的微量有机污染物时,不需要剔除石块、树枝等杂质。

(4)风干土壤试样的测定。具盖容器和盖子于(105±5)℃下烘干 1 h,稍冷,盖好盖子,然后置于干燥器中至少冷却 45 min,测定带盖容器的质量 m_0,精确至 0.01 g。用样品勺将 10~15 g 风干土壤试样转移至已称重的具盖容器中,盖上容器盖,测定总质量 m,精确至 0.01 g。取下容器盖,将容器和风干土壤试样一并放入烘箱中,在(105±5)℃下烘干至恒重,同时烘干容器盖。盖上容器盖,置于干燥器中至少冷却 45 min,取出后立即测定带盖容器和烘干土壤的总质量 m_2,精确至 0.01 g。

(5)新鲜土壤试样的测定。准备一个具有紧密盖子的容器,将容器及其盖子在(105±5)℃的烘箱中烘干 1 h,然后稍微冷却后迅速盖上盖子。将容器放入干燥器中至少冷却 45 min,以确保容器内部完全干燥。之后,使用精确到 0.01 g 的天平来测定该容器的质量,记作 m_0。使用样品勺从新鲜土壤中取出 30~40 g 试样,将这些土壤转移到之前称重的容器中,并紧密盖上盖子。然后，再次使用精确到 0.01 g 的天平来测定容器和土壤试样的总质量，记作 m_1。取下容器的盖子，将装有土壤试样的容器放入(105±5)℃的烘箱中，进行烘干，直至土壤达到恒重。同时，也要将容器盖子单独进行烘干。烘干完成后，迅速盖上容器的盖子，并再次将容器放入干燥器中至少冷却 45 min。从干燥器中取出容器，立即使用精确到 0.01 g 的天平来测定带盖容器和烘干后土壤的总质量，记作 m_2。

注意，在整个过程中，应尽量减少待测样品与空气接触的时间，以减少水分的蒸发。

(6)结果计算。土壤样品中的干物质含量(w_{dm})按照下面公式进行计算：

$$w_{dm}=\frac{m_1-m_2}{m_2-m_0}\times 100\%$$

式中，w_{dm}为土壤样品中的干物质含量，%；m_0为带盖容器的质量，g；m_1为带盖容器及风干土壤试样或带盖容器及新鲜土壤试样的总质量，g；m_2为带盖容器及烘干土壤的总质量，g。测定结果精确至 0.1%。

(7)质量保证和质量控制。测定风干土壤样品，当干物质含量大于 96%，水分含量不大于 4%时，两次测定结果之差的绝对值应不大于 0.2%(质量分数)；当干物质含量不大于 96%，水分含量大于 4%时，两次测定结果的相对偏差应不大于 0.5%。测定新鲜土壤样品，当水分含量不大于 30%时，两次测定结果之差的绝对值应不大于 1.5%(质量分数)；当水分含量大于 30%时，两次测定结果的相对偏差应不大于 5%。

(8)注意事项。

①试验过程中应避免具盖容器内土壤细颗粒被气流或风吹出。

②一般情况下，在(105±5)℃下有机物的分解可以忽略。但是，对于有机质含量大于 10%(质量分数)的土壤样品(如泥炭土)，应将干燥温度改为 50 ℃，然后干燥至恒重，必要时，可抽成真空。

③一些矿物质(如石膏)在 105 ℃干燥时会损失结晶水。

④如果样品中含有挥发性(有机)物质，本方法不能准确测定其水分含量。

⑤如果待测样品中含有石膏，测定含有石子、树枝等的新鲜潮湿土壤，以及其他影响测定结果的内容，均应在检测报告中注明。

3)土壤 pH 值测定

用电位法测定土壤 pH 值，精密度较高，选用浸提的水或盐溶液(酸性土壤为 1 mol/L 氯化钾，中性和碱性土壤为 0.01 mol/L 氯化钙)与土之比为 2.5∶1，盐土用 5∶1，枯枝落叶层及泥炭层用 10∶1。近年来，还有采用更接近野外土壤水分状况的水土比 1∶1 或饱和泥浆的，这对于碱性土壤可得到较好的结果。

(1)方法原理。以水为浸提剂，水土比为 2.5∶1，将指示电极和参比电极(或 pH 复合电极)浸入土壤悬浊液时，构成一原电池，在一定的温度下，其电动势与悬浊液的 pH 值有关，通过测定原电池的电动势，即可得到土壤的 pH 值。

(2)试剂和材料(除非另有说明,分析时均使用符合国家标准的分析纯试剂)。

①实验用水:去除二氧化碳的新制备的蒸馏水或纯水(将水注入烧瓶中,煮沸 10 min,放置冷却,临用现制)。

②邻苯二甲酸氢钾($C_8H_5KO_4$),使用前 110～120 ℃烘干 2 h。

③磷酸二氢钾(KH_2PO_4),使用前 110～120 ℃烘干 2 h。

④无水磷酸氢二钠(Na_2HPO_4),使用前 110～120 ℃烘干 2 h。

⑤四硼酸钠($Na_2B_4O_7 \cdot 10H_2O$),与饱和溴化钠(或氯化钠加蔗糖)溶液(室温)共同放置于干燥器中 48 h,使四硼酸钠晶体保持稳定。

⑥pH 4.01(25 ℃)标准缓冲溶液:$c(C_8H_5KO_4)$=0.05 mol/L(称取 10.12 g 邻苯二甲酸氢钾,溶于水中,于 25 ℃下在容量瓶中稀释至 1 L,也可直接采用符合国家标准的标准溶液)。

⑦pH 6.86(25 ℃)标准缓冲溶液:$c(KH_2PO_4)$=0.025 mol/L,$c(Na_2HPO_4)$=60.025 mol/L(分别称取 3.387 g 磷酸二氢钾和 3.533 g 无水磷酸氢二钠,溶于水中,于 25 ℃下在容量瓶中稀释至 1 L,也可直接采用符合国家标准的标准溶液)。

⑧pH 9.18(25 ℃)标准缓冲溶液:$c(Na_2B_4O_7)$=0.01 mol/L(称取 3.80 g 四硼酸钠,溶于水中,于 25 ℃下在容量瓶中稀释至 1 L,在聚乙烯瓶中密封保存,也可直接采用符合国家标准的标准溶液)。

注意:上述 pH 标准缓冲溶液于冰箱中 4 ℃冷藏,可保存 2～3 个月。发现有混浊、发霉或沉淀等现象时,不能继续使用。

(3)仪器和设备。

①pH 计:精度为 0.01 个 pH 单位,具有温度补偿功能。

②电极:玻璃电极和饱和甘汞电极,或 pH 复合电极。

③磁力搅拌器或水平振荡器:具有温控功能。

④土壤筛:孔径 2 mm(10 目)。

⑤其他一般实验室常用仪器和设备。

(4)试样的制备。称取风干、磨碎、过筛的 10.0 g 土壤样品置于 50 mL 的高型烧杯或其他适宜的容器中,加入 25 mL 水。将容器用封口膜或保鲜膜密封后,用磁力搅拌器剧烈搅拌 2 min或用水平振荡器剧烈振荡 2 min。静置 30 min,在 1 h 内完成测定。

(5)校准。至少使用两种 pH 标准缓冲溶液对 pH 计进行校准。先用 pH 6.86(25 ℃)标准缓冲溶液,再用 pH 4.01(25 ℃)标准缓冲溶液或 pH 9.18(25 ℃)标准缓冲溶液校准。校准步骤如下:

①将盛有标准缓冲溶液并内置搅拌子的烧杯置于磁力搅拌器上,开启磁力搅拌器。

②控制标准缓冲溶液的温度在(25±1)℃,用温度计测量标准缓冲溶液的温度,并将 pH 计的温度补偿旋钮调节到该温度上。有自动温度补偿功能的仪器,可省略此步骤。

③将电极插入标准缓冲溶液中,待读数稳定后,调节仪器示值与标准缓冲溶液的 pH 值一

致。重复步骤①和②，用另一种标准缓冲溶液校准 pH 计，仪器示值与该标准缓冲溶液的 pH 值之差应小于 0.02 个 pH 单位；否则，应重新校准。

注意：用于校准 pH 的两种标准缓冲溶液，其中一种标准缓冲溶液的 pH 值应与土壤 pH 值相差不超过 2 个 pH 单位。若超出范围，可选择其他 pH 标准缓冲溶液。不同 pH 标准缓冲液信息如表 1-1 所示。

表 1-1 不同 pH 标准缓冲液(25 ℃)

标准缓冲液	标准物质名称	分子式	标准溶液浓度/(mol·kg^{-1})	配制 1 L 标准溶液所需标准物质的质量/g
pH 1.68	四草酸钾	$KH_3(C_2O_4)_2 \cdot 2H_2O$	0.05	12.61
pH 3.56	酒石酸氢钾	$KHC_4H_4O_6$	25 ℃饱和约为 0.034	>7
pH 4.01	邻苯二甲酸氢钾	$KHC_8H_4O_4$	0.05	10.12
pH 6.86	磷酸氢二钠	Na_2HPO_4	0.025	3.533
	磷酸二氢钾	KH_2PO_4	0.025	3.387
pH 7.41	磷酸氢二钠	Na_2HPO_4	0.03043	4.303
	磷酸二氢钾	KH_2PO_4	0.008695	1.179
pH 9.18	四硼酸钠	$Na_2B_4O_7 \cdot 10H_2O$	0.01	3.80
pH 12.46	氢氧化钙	$Ca(OH)_2$	25 ℃饱和约为 0.020	>2

4)土壤粒度的测定

土壤粒度的测定，目前常用的有吸液管法和比重计法。吸液管法操作比较复杂，但精度较高；比重计法操作相对简单，适用于大批样品测定。因此，可根据测定目的选择方法。此处只介绍比重计法。其余方法详见国家环境保护标准《土壤粒度的测定 吸液管法和比重计法》(HJ 1068—2019)。

(1)方法原理。将通过 2 mm 筛孔的风干土样制成悬浊液。粒径大于 0.063 mm 的颗粒由一定孔径的筛子筛分；小于 0.063 mm 的颗粒依据斯托克斯定律，采用吸液管法或者比重计法测定。根据各级颗粒质量计算其百分含量，并在半对数纸上绘制土壤粒径累积分布曲线，从而确定土壤粒度。

(2)试剂和材料。除非另有说明，分析时均使用符合国家标准的分析纯试剂，实验用水为新制备的蒸馏水或去离子水。

①过氧化氢：$w(H_2O_2)=30\%$。

②盐酸：$\rho(HCl)=1.18$ g/mL。

③消泡剂：2-辛醇[$CH_3(CH_2)5CH(OH)CH_3$]、乙醇(CH_3CH_2OH)。

④盐酸溶液：$c(HCl)=1$ mol/L，取 85 mL 盐酸，用水稀释至 1000 mL。

⑤草酸钠溶液：$c(1/2Na_2C_2O_4)=0.5$ mol/L，称取 33.5 g 草酸钠，加入 700 mL 水，加热溶解，冷却后用水稀释至 1000 mL。

⑥氢氧化钠溶液：$c(NaOH)=0.5$ mol/L，称取 20 g 氢氧化钠溶于适量水中，用水稀释至 1000 mL。

⑦分散剂溶液：称取 33 g 六偏磷酸钠和 7 g 无水碳酸钠，溶于适量水中，用水稀释至 1000 mL。贮存于棕色瓶中，有效期为 1 个月（该分散剂溶液 pH 值约为 9.8，适用于大多数土壤。对加入该溶液后仍产生凝聚的土壤，根据其 pH 值加入不同的分散剂：中性土壤加 25.00 mL 草酸钠溶液，酸性土壤加 25.00 mL 氢氧化钠溶液）。

⑧氯化钙溶液：$c(CaCl_2)=1$ mol/L，称取 111 g 氯化钙溶于适量水中，用水稀释至 1000 mL。

⑨连二亚硫酸钠溶液：$\rho(Na_2S_2O_4)=40$ g/L，称取 40 g 连二亚硫酸钠溶于适量水中，用水稀释至 1000 mL。

⑩乙酸钠溶液：$c(CH_3COONa)=0.3$ mol/L，称取 24.62 g 乙酸钠溶于适量水中，用水稀释至 1000 mL。

(3)仪器和设备。恒温室或恒温水浴，20～30 ℃，±0.5 ℃；振荡设备，转速为(30±2)r/min 的翻转式振荡装置；鼓风干燥箱，105～110 ℃；电热板；离心机，转速不低于 1000 r/min；分析天平，感量为 0.0001 g；电导率仪；金属洗筛，孔径为 0.063 mm 的方孔筛；金属土壤筛，孔径分别为 2 mm、0.60 mm、0.212 mm 的方孔筛；玻璃量筒，容量 1000 mL，配橡胶塞或搅拌器；称量瓶，玻璃或金属材质，50 mL；离心管，有机材质，具防漏盖，500 mL，也可使用 1000 mL 锥形瓶；搅拌器，金属或抗腐蚀的塑胶材质，也可采用带橡胶塞的玻璃棒；球阀或等效装置；比重计，刻度范围为 0～60 g/L，精度为 0.5 g/L。

(4)样品的制备。将风干的样品倒在有机玻璃板上，用木槌、木滚等再次压碎，捡除异物，过 2 mm 土壤筛，过筛后样品应充分混匀。注意，大于 2 mm 的石砾，切勿碾压破碎，应将附着在石砾上的表土揉搓分离过筛。

(5)试样的制备。称取适量(m_s，精确到 0.01 g)土样放入离心管或锥形瓶中。取样量根据土壤类型确定，砂土约 60 g，黏土约 20 g，中间类型土壤取样量按比例估算。对于有机质、可溶性盐和石膏、氧化铁和碳酸盐含量较低的土样，称样后可直接进行分散。

(6)去除干扰。

①去除有机质。

方式一：使用离心管时，在管中加入约 30 mL 水，使样品完全浸润，再加入 30 mL 过氧化氢，搅匀，泡沫较多时，加入适量消泡剂消泡。继续加水，至体积为 150～200 mL，静置过夜后离心 15 min(转速不小于 1000 r/min)，弃去上清液。重复以上步骤，直至上清液无色或接近无色。

注意：上清液离心效果较差时，加入 25 mL 氯化钙溶液，充分搅拌，加水至 250 mL，静置后离心 15 min(转速不小于 1000 r/min)，弃去上清液。再加入 250 mL 水重复清洗步骤，直至样品的颜色变浅。

方式二:使用锥形瓶时,在瓶中加入约 30 mL 水,使样品完全浸润,再加入 30 mL 过氧化氢,搅匀,泡沫较多时,加入适量消泡剂消泡。待反应稳定后放置过夜,置于电热板上小心加热。用消泡剂消泡,并不断搅拌。保持样品湿润,必要时可加入适量水,使悬浊液保持微沸状态,直至起泡现象消失。如仍有未分解的有机物,停止加热,冷却后继续加入过氧化氢进行重复处理,直至样品的颜色变浅。将处理好的样品转移到离心管中,溶液体积控制在 150～200 mL,离心 15 min(条件同方式一),弃去上清液。

②去除可溶性盐和石膏。在上述离心管或锥形瓶中加入 250 mL 水,盖上盖子,于振荡器上振荡 1 h 后,离心 15 min(转速不小于 1000 r/min),弃去上清液。重复上述过程,直至上清液电导率小于 40.0 mS/m。

③去除氧化铁和碳酸盐。在经过上述处理的样品中,按 1∶40 固液比分别加入连二亚硫酸钠溶液和乙酸钠溶液,加冰乙酸调节 pH 至 3.8,振荡过夜,离心 15 min(转速不小于 1000 r/min),弃去上清液。继续加入适量盐酸溶液,再加水至 250 mL,于 80 ℃水浴中加热 15 min,并不断搅拌。静置过夜后离心 15 min(转速不小于 1000 r/min),弃去上清液。重复上述过程,直至上清液电导率小于 40.0 mS/m。

注意:盐酸溶液的加入量与样品中碳酸盐含量有关,可采用以下方法确定。取适量土样置于白瓷盘上,向其滴加盐酸溶液,如土样中无气泡产生或者徐徐放出气泡,且响声很小,则加入 25 mL 盐酸溶液;如明显发出气泡,但很快消失,且响声较大,则加入 40 mL 盐酸溶液;如气泡发生强烈,呈沸腾状,持续时间长,且响声较大,则加入 60 mL 盐酸溶液。

(7)分析步骤。

①分散土样。将经过预处理的样品转移至锥形瓶中,加适量水,使溶液体积控制在 150～200 mL,再加入 25.00 mL 分散剂溶液。瓶口放一小漏斗,置于电热板上加热 1 h,保持微沸状态,煮沸过程中要经常摇动锥形瓶,以防土粒沉积于瓶底结成硬块。

注意:无须去除干扰的土样,需加入分散剂后,摇匀,静置 2 h,再置于电热板上加热;也可将加入分散剂的溶液置于离心管中,于振荡器上振荡 18 h。

②湿筛分。将洗筛放在大玻璃漏斗里,并将漏斗颈置于量筒中。将分散好的样品全部转移至洗筛上,用洗瓶冲洗样品直至滤液不再浑浊,冲洗水的总体积不能超过 1000 mL。向量筒中加水至 1000 mL,制成悬浊液。将洗筛上的样品冲洗至蒸发皿中,在电热板上蒸干后,移入烘箱,于 105～110 ℃下烘 6 h,置于干燥器中冷却至室温后,依次过 0.60 mm 及 0.212 mm 土壤筛,并分别称重(精确到 0.0001 g)。

注意:当土壤难以过筛时,可事先在筛板上滴几滴分散剂溶液湿润筛孔,以利于过筛;可用带橡胶套的玻璃棒或塑料棒搅动筛网上的悬浊液,以减缓筛孔堵塞。

③沉降。将盛有土壤悬浊液的量筒置于恒温环境中至少 1 h。使用水浴时,确保水浸没到 1000 mL 刻度处。将量筒以不少于 30 次/min 的频率,振荡 2 min;也可用搅拌器垂直搅拌悬浊液 1 min,上下各 30 次,确保没有土壤颗粒残留在管壁上。量筒直立的瞬间或者刚停止

搅拌时，开始计时。如有泡沫，可加入 1～2 滴消泡剂消泡。沉降完成后，根据需要，选择吸液管法或比重计法进行下一步测定。

④分散剂校准溶液的制备。吸取 25.00 mL 分散剂溶液至玻璃量筒中，加水至 1000 mL，充分混合，制成分散剂校准溶液，置于恒温环境中。

⑤测定。把比重计缓慢垂直浸入制备好的土壤悬浊液中(稍低于浮动的位置，并允许其自由浮动)，在 0.5 min、1 min、2 min 和 4 min 时从弯月面上边缘读取比重计读数，记录为 m'。读数后轻轻取走比重计，用水冲洗、晾干，置于含分散剂校准溶液的量筒中，按同样方法读数，记录为 m'_0。重新把比重计插入土壤悬浊液中，在沉降 8 min、30 min、8 h、24 h 时分别读数，记录为 m'。

⑥结果计算。比重计真实读数计算公式如下：

$$m = m' - m'_0$$

式中，m 为比重计真实读数，g；m'为观察的比重计读数，g；m'_0为含分散剂校准溶液量筒中的比重计读数，g。

颗粒粒径计算公式：

$$d_p^2 = \frac{1.8\eta z}{(\rho_s - \rho_w)gt}$$

式中，d_p 为颗粒粒径，mm；η 为在试验温度下，水的黏滞系数，g/m・s，见表 1-2；z 为有效深度，mm；ρ_s 为颗粒密度，统一规定为 2.65 g/cm^3；ρ_w 为悬浊液密度，为 1.00 g/cm^3；g 为重力加速度，为 981 cm/s^2；t 为沉降时间，s。

各级颗粒累积质量百分数计算公式：

$$w = \frac{m}{m_s \times w_{dm}} \times 100\%$$

式中，w 为各级颗粒累积质量百分数，%；m 为比重计真实读数，g；m_s为土壤取样质量，g；w_{dm}为土壤干物质含量，%。

表 1-2　水的密度及黏滞系数

温度/℃	密度 ρ/(g/mL)	黏滞系数 η/(g/m・s)
20	0.9982	1.002
21	0.9980	0.987
22	0.9978	0.955
23	0.9975	0.933
24	0.9973	0.911
25	0.9970	0.891
26	0.9968	0.871
27	0.9965	0.852
28	0.9962	0.833
29	0.9959	0.815
30	0.9957	0.798

5)土壤容重测定

(1)方法原理。土壤容重是指单位容积烘干土的质量，又称土壤密度。通常，疏松、通透性好、肥力较高的土壤，其容重较小；反之，土体紧实，结构性和通透性较差，则其土壤容重大。测定土壤容重通常采用环刀法，用一定容积的环刀切割代表性的原状土，使土样充满其中，称量后计算单位容积的烘干土(105 ℃)质量。

(2)仪器。环刀(不锈钢，容积 100 cm)、环刀托、削土刀。

(3)环刀取样。选择具有代表性的地段，先将采土处用铁铲铲平。将环刀托放在已知质量的环刀(精确至 0.01 g)上，环刀内壁稍擦上凡士林，将环刀刃口向下垂直压入土中，直至环刀筒中充满土样为止。通常表层土壤需采 5 个重复样品，下层土壤需按层次每层采 3 个重复样品。用削土刀切开环刀周围的土样，取出已充满土的环刀，用削土刀细心削平环刀两端多余的土，并擦净环刀外面的土，然后立即加盖，以免水分蒸发。将盛有土样的环刀除去顶盖，然后放入烘箱中，在(105±2)℃下烘干 4 h，再在干燥器中冷却后称至恒量(精确至 0.01 g)。

(4)结果计算。土壤容量计算公式如下：

$$\rho_B = (m_2 - m_1) \div V$$

式中：ρ_B 为土壤容重，g/cm^3；m_1 为环刀的质量，g；m_2 为环刀加烘干土质量，g；V 为环刀容积，cm^3。

2. **土壤养分测定**

土壤养分测定主要包括土壤全磷、有效磷、全钾、速效钾、全氮、水解性氮、氨态氮、硝态氮、有机碳等的测定。

1)土壤磷测定

森林土壤全磷的分解通常有碱熔法和酸溶法两种。碱熔法有碳酸钠熔融法和氢氧化钠熔融法两种。相比之下，碳酸钠熔融法具有分解完全、准确度高的特点，但由于熔融时需要铂金坩埚，成本较高，因此，不适宜用于常规分析。氢氧化钠熔融法可用银坩埚代替铂金坩埚，分解也较完全，制备的待测液可同时测定全磷和全钾，操作较为方便，可为一般实验室采用。酸溶法中以硫酸-高氯酸法较好，此法对钙质土壤分解率较高，但对酸性土壤分解不十分完全，结果往往偏低。酸溶法还可采用硝酸-氢氟酸-高氯酸法，制备的待测液还可同时测定多种元素。

森林土壤有效磷的测定，对于质地较轻的酸性土壤采用盐酸-硫酸浸提法，对风化程度中等的酸性土壤采用氟化铵-盐酸浸提法，对于中性和石灰性土壤采用碳酸氢钠浸提法。使用不同浸提方法测定同一土壤，其测定结果可能相差较多，即使用同一浸提剂，浸提条件的不同，对结果也会产生很大影响。所以，有效磷只是一个相对指标，测定时控制同一土壤在同一条件下，测定结果才有比较的意义。

待测液中有效磷的测定可采用比色法、连续流动分析仪法和电感耦合等离子体发射光谱法。传统比色法测定磷耗工费时，试剂消耗量大，试验成本高，操作过程中样品稀释、人为清除气泡，会增加测定结果误差。利用连续流动分析仪法和电感耦合等离子体发射光谱法测定土壤中磷的含量，使复杂的手工操作简化成仪器自动化操作，不仅分析速度快，试剂消耗少，且准确度高，对环境污染小，也减少了人为误差。

此处以酸溶-钼锑抗比色法为例，其余方法详见林业行业标准《森林土壤磷的测定》(LY/T 1232—2015)。

(1)土壤全磷测定。森林土壤全磷测定的待测液制备，一般分为碱熔法和酸溶法两种。这里主要介绍酸溶法，以硫酸-高氯酸法为例，此法对钙质土壤分解率较高，但对酸性土壤分解效果不理想，使得结果可能偏低。

①方法原理。在高温条件下，土壤中含磷矿物及有机磷化合物与高沸点的硫酸和强氧化剂高氯酸作用，会使之完全分解，全部转化为正磷酸盐而进入溶液，然后用钼锑抗比色法测定。

②主要仪器。分析天平、小漏斗、大漏斗、三角瓶(50 mL 和 100 mL)、容量瓶(50 mL 和 100 mL)、移液枪(5 mL 和 10 mL)、电炉、分光光度计。

③试剂。

A. 浓硫酸(H_2SO_4)。

B. 高氯酸($HClO_4$)。

C. NaOH 溶液，称取 NaOH 颗粒(称量纸残留药品记得冲洗进去)80 g，溶于约 900 mL 超纯水烧杯里，期间会放热，一般水浴冷却，冷却完毕后定容至 1 L。

D. 二硝基酚指示剂，称取 0.2 g 的 2,6 -二硝基酚或者 2,4 -二硝基酚定容 100 mL(一般都溶解不完全，呈黄色)。

E. 0.5 g/L 酒石酸锑钾溶液，称取 0.5 g 酒石酸锑钾($KSbOC_4H_4O_6 \cdot 1/2H_2O$)溶于 100 mL 水中。

F. 钼锑贮存溶液。将 153 mL 浓硫酸缓慢倒入约 400 mL 超纯水(烧杯)中，同时搅拌放置冷却。另外，量取 10 g 钼酸铵溶于约 60 ℃的 300 mL 超纯水中，冷却。将配好的硫酸溶液缓慢倒入钼酸铵溶液中，同时搅拌。随后加入 100 mL 酒石酸锑钾溶液(取 0.50 g 酒石酸锑钾，定容 100 mL)，最后用超纯水稀释定容至 1000 mL，用锡纸包裹或使用棕色瓶保存。

G. 钼锑抗显色剂，称取 1.50 g 抗坏血酸加入 100 mL 钼锑贮存液中，现配现用，有效期一天。

H. 磷标准贮存溶液，称取 0.4390 g 磷酸二氢钾(105 ℃烘 2 h)溶于 200 mL 超纯水中，加入 5 mL 浓硫酸，定容至 1000 mL，浓度 C=100 mg/L(可长期保存)。

I. 5 mL 磷标准溶液，取磷标准贮存溶液准确稀释 20 倍，取 5 mL 磷标准贮存液，定容至 100 mL，此时磷标准溶液溶度 C=5 mg/L(不宜久存)。

④工作曲线的绘制。分别移取磷标准溶液 0 mL、1 mL、2 mL、3 mL、4 mL、5 mL、6 mL 于瓶中，分别加入超纯水稀释至 30 mL，加入钼锑抗显色剂 5 mL，摇匀，定容，即可得到 0.0 mg/L、0.1 mg/L、0.2 mg/L、0.3 mg/L、0.4 mg/L、0.5 mg/L、0.6 mg/L 标准系列溶液。然后，与待测溶液同时比色，读取吸收值，绘制工作曲线。

⑤上机测定。先打开预热 15 min，同时完成自检，波长设置为 700 nm，先建立工作曲线，保存后，以空白溶液为参比溶液调节仪器零点，后再测待测样。

⑥称样与备样。称取通过 2 mm 筛孔的 0.250 g 烘干磨细的样品于三角瓶中(准确到 0.001 g)。滴加几滴蒸馏水使样品湿润，然后加 3 mL 浓硫酸和 10 滴高氯酸，在瓶口放一弯颈小漏斗，放置过夜或更长时间。可设置 1～3 个空白样，即没有样品，其余步骤相同。

⑦消煮(消解)。次日，在调温电炉上消煮样品，把温度控制在瓶内样品与酸作用后产生的泡沫不到达瓶颈，并只有少量的烟从瓶口冒出为度。当有缕状白烟在瓶内回旋时，证明瓶内高氯酸基本上已经消耗完。缕状白烟不能超过瓶颈的二分之一。若溶液许久不见清澈透明，可把瓶子离火适当冷却后，加入数滴高氯酸，继续消煮，如消煮液虽已变白，但还呈糊状，须继续消煮，直到无色透明后再消煮 20 min。整个消煮过程要经常摇动凯氏瓶，以防局部烧干。

⑧定容。将冷却后的消煮液倒入 100 mL 容量瓶中，并用水润洗凯氏瓶，将残留消煮液洗入容量瓶中，然后用水定容至刻度，摇匀，静置澄清，小心地吸取上清液进行磷的测定。

⑨测定。吸取空白溶液和待测液 5 mL(含磷不超过 30 μg/mL)，置于 50 mL 容量瓶中，加水到 15～20 mL，加 1 滴二硝基酚指示剂，用 2 mol/L 氢氧化钠溶液调节溶液至黄色，然后用 0.5 mol/L 硫酸溶液调节 pH 值至溶液刚好呈淡黄色，加入 5.0 mL 钼锑抗显色剂，用水定容至刻度，摇匀，在室温高于 20 ℃条件下静置 30 min，在分光光度计上用 700 nm 波长比色，以0.00 mg/L标准溶液为参比溶液调节仪器零点，然后测空白溶液和待测液的吸收值，根据标准曲线获得空白溶液和待测液的磷浓度(mg/L)。

⑩计算全磷含量(T_P)。计算公式如下：

$$T_P = \frac{(c - c_0) \times V \times t_s}{m \times 1000}$$

$$t_s = \frac{V_1}{V_2}$$

式中，T_P 为全磷含量，g/kg 或 mg/g；c 是从标准曲线上获得的待测液的磷浓度，mg/L；c_0 是从标准曲线上获得的空白溶液的磷浓度，mg/L；V 为显色液体积，取 50 mL；t_s 为分取倍数；m 为实验土样质量，g；V_1 为待测液体积，mL；V_2 为吸取待测液体积，mL。

(2)土壤有效磷测定。在酸性环境中，正磷酸根和钼酸铵反应生成磷钼杂多酸络合物 [$H_3P(Mo_3O_{10})$]，在锑试剂存在下，用抗坏血酸将其还原生成蓝色的络合物再进行比色。

①仪器。天平(感量 0.01 g)；天平(感量 0.0001 g)；恒温往复振荡机(速率 150～180 r/min)；紫外/可见光分光光度计；酸度计。

②试剂。

A. 二硝基酚指示剂，称取 0.2 g 的 2,6 -二硝基酚或者 2,4 -二硝基酚定容至 100 mL(一般溶解不完全，呈黄色)。

B. 2 mol/L 氢氧化钠，称取 NaOH 颗粒(称量纸残留药品记得冲洗进去)80 g，溶于约 900 mL 超纯水烧杯里，期间会放热，一般水浴冷却，等冷却完定容至 1 L。

C. 0.5 mol/L 硫酸溶液，量取 28 mL 浓硫酸，缓慢注入水中，定容至 1 L。

D. 钼锑贮存溶液。将 153 mL 浓硫酸缓慢倒入约 400 mL 超纯水(烧杯)中，同时搅拌放置冷却。另外，量取 10 g 钼酸铵溶于约 60 ℃的 300 mL 超纯水中，冷却。将配好的硫酸溶液缓慢倒入钼酸铵溶液中，同时搅拌。随后加入 100 mL 酒石酸锑钾溶液(取 0.50 g 酒石酸锑钾，定容 100 mL)，最后用超纯水稀释定容至 1000 mL，用锡纸包裹或使用棕色瓶保存。

E. 钼锑抗显色剂，称取 1.50 g 抗坏血酸加入 100 mL 钼锑贮存液中，现配现用，有效期一天。

F. 5 mg/L 磷标准溶液，取磷标准贮存溶液准确稀释 20 倍，取 5 mL 磷标准贮存液，定容至 100 mL，此时磷标准溶液溶度 C=5 mg/L(不宜久存)。

G. 1∶1 盐酸溶液，使用浓盐酸与水体积比为 1∶1 均匀混合。

H. 无磷活性炭(如果所用活性炭含磷，应该先用 1∶1 盐酸溶液浸泡 12 h 以上，然后移放到平板漏斗上抽气过滤，用水淋洗 4～5 次，再用 42 g/L 碳酸氢钠溶液浸泡 12 h 以上，在平板漏斗上抽气过滤，用水洗尽碳酸氢钠，并至无磷为止，烘干备用)。

I. 盐酸-硫酸浸提液，吸取 4 mL 盐酸和 0.7 mL 硫酸于有水的 1 L 容量瓶中，用水定容至刻度，此溶液含 0.05 mol/L 盐酸和 0.025 mol/L 硫酸。

③待测液的制备。称取过 2 mm 筛的风干土样 5.00 g 于浸提瓶中，加 25.0 mL 盐酸-硫酸浸提液，在 20～25 ℃恒温条件下 160 r/min 振荡 5 min，过滤，待测液供测有效磷用(如滤液颜色过深，影响比色时，则需加无磷活性炭进行脱色处理)。

④空白溶液的制备。空白溶液的制备除不加土样外，其他步骤相同。

⑤标准曲线制作。分别吸取 5 mg/L 磷标准溶液 0.00 mL、1.00 mL、2.00 mL、3.00 mL、4.00 mL、5.00 mL、6.00 mL 于 50 mL 容量瓶中，再分别加入与待测溶液等量的盐酸-硫酸浸提液，加 1 滴二硝基酚指示剂，用 2 mol/L 氢氧化钠溶液调到黄色，然后用 0.5 mol/L 硫酸溶液调 pH 值到溶液刚呈微黄色，准确加入 5.0 mL 钼锑抗显色剂，用水定容到刻度，摇匀，即得 0.00 mg/L、0.10 mg/L、0.20 mg/L、0.30 mg/L、0.40 mg/L、0.50 mg/L、0.60 mg/L 磷标准系列显色液。在室温高于 20 ℃条件下静置 30 min，在分光光度计上用 700 nm 波长比色，以 0.00 mg/L 标准溶液为参比溶液调节仪器零点，由低到高测定标准系溶液的吸收值，绘制标准曲线。

⑥测定。吸取空白溶液和待测液 5～10 mL 于 50 mL 容量瓶中，加 1 滴二硝基酚指示剂，用 2 mol/L 氢氧化钠溶液调到黄色，然后用 0.5 mol/L 硫酸溶液调 pH 值到溶液刚呈微黄色，准确加入 5.0 mL 钼锑抗显色剂，用水定容到刻度，摇匀，接着在室温高于 20 ℃条件下静置 30 min，在分光光度计上用 700 nm 波长比色，获得空白溶液和待测液的磷浓度(mg/L)。

⑦计算有效磷含量(A_P，g/kg)。计算公式如下：

$$A_P = \frac{(c - c_0) \times V \times t_s}{m \times 1000}$$

$$t_s = \frac{V_1}{V_2}$$

式中，A_P 为有效磷含量，g/kg 或 mg/g；c 为从标准曲线上获得的待测液的磷浓度，mg/L；c_0 为从标准曲线上获得的空白溶液的磷浓度，mg/L；V 为显色液体积，取 50 mL；t_s为分取倍数；V_1为待测液体积，mL；V_2为吸取待测液体积，mL；m 为实验土样质量，g。

2）土壤钾测定

森林土壤全钾样品的分解，可分为碱熔法和酸溶法两种。碱熔法包括碳酸钠熔融法和氢氧化钠熔融法。碳酸钠熔融法在国际上比较通用，但一定要用铂金坩埚，这使国内一些实验室因条件限制而不能采用这一方法。现在国内一般采用氢氧化钠熔融法，且可用银坩埚代替铂金坩埚，可为一般实验室采用，且分解比较完全，制备的待测液可同时测全磷和全钾。酸溶法采用氢氟酸-高氯酸法，此方法比较方便，是国际上通用的分解土壤全钾样品的方法，所制备的待测液也可同时测定多种元素。

土壤速效钾包括交换性钾和水溶性钾，目前国内外普遍采用 1 mol/L 乙酸铵为浸提剂，所得结果比较稳定，重现性好，能将土壤胶体表面的交换性钾和黏土矿物晶格层的非交换性钾区分开，不会因淋洗次数或浸提时间的增加而显著增加浸出钾量。土壤缓效钾主要是指层状硅酸盐矿物层间和颗粒边缘的那一部分钾，目前最通用的浸提方法是 1 mol/L 硝酸煮沸法。该法不仅浸提时间短，耗用试剂量小和多次测定的变异系数较小，而且浸出的钾量与植物连续种植时的吸收钾量有良好的相关性，所以常用其作为土壤钾元素供应潜力的指标。待测液中钾的测定方法有火焰光度法、原子吸收法和电感耦合等离子体发射光谱法。

此处以酸溶-分光光度法为例，其余方法详见林业行业标准《森林土壤钾的测定》（LY/T 1234—2015）。

（1）土壤全钾测定。氟通过与硅反应分解硅酸盐矿物成氟化硅，在强酸存在条件下可加热挥发。高氯酸在高温下是很强的氧化剂，可分解土壤中的有机质，同时还可以有效地去除样品中多余的氢氟酸。

①试剂。

A. 硝酸（HNO_3），ρ=1.41 g/mL。

B. 高氯酸（$HClO_4$），ρ=1.68 g/mL。

C. 氢氟酸（HF），ρ=1.15 g/mL。

D. 盐酸（HCl），ρ=1.19 g/mL。

E. 3 mol/L 盐酸溶液，盐酸与水体积比为 1∶3 均匀混合。

F. 钾标准溶液，称取 105 ℃烘干 2 h 的氯化钾（KCl，优级纯）0.1907 g 溶于水，加 25.0 mL 盐酸，用水定容至 1 L，即为钾标准溶液[ρ(K)=100 mg/L]。

②仪器。天平（感量 0.01 g）；天平（0.0001 g）；电热板；火焰光度计；原子吸收分光光度计或电感耦合等离子体发射光谱仪（ICP-AES 或 ICP-OES）。

③待测液的制备。准备 0.1 g 经过 0.149 mm 筛筛选过的风干土样，并将其放入铂坩埚或聚四氟乙烯坩埚中。接着，使用塑料移液管，向坩埚中添加 3.0 mL 的硝酸、1.0 mL 的高氯酸和 5.0 mL 的氢氟酸。然后，盖上坩埚盖，将其置于电热板上，并在通风橱中开始加热。初

始时，温度设定为低温 130 ℃，然后逐渐升温至高温 200 ℃进行消解。在加热过程中，需要适当地摇动坩埚以确保除硅效果良好(因为氢氟酸会与硅反应生成 SiF_4 并蒸发)。当观察到坩埚中冒出大量白色烟雾时，继续加热直至不再有白烟冒出，此时样品应已接近干燥状态。根据坩埚内残渣的情况，可能需要再次加入 5.0 mL 的氢氟酸和 0.5 mL 的高氯酸，并重复上述消解过程。如果坩埚内仅剩下白色残渣，可以加入 0.5 mL 的氢氟酸来进一步去除剩余的硅，并滴入几滴高氯酸。接着，继续加热直至样品再次接近干燥状态。完成加热后，将坩埚取下并冷却。然后，加入 10.0 mL 的 3 mol/L 盐酸溶液，再次加热直至残渣完全溶解。之后，将溶液用水转移到 100 mL 的容量瓶中，进行定容并充分混匀。

④空白溶液的制备。空白溶液的制备除不加土样外，其他步骤相同。

⑤标准曲线制作。分别吸取 100 mg/L 钾标准溶液 0.00 mL、2.50 mL、5.00 mL、10.00 mL、20.00 mL、30.00 mL 放入 50 mL 容量瓶中，加 3 mol/L 盐酸溶液 10.0 mL，获得 0.00 mg/L、5.00 mg/L、10.00 mg/L、20.00 mg/L、40.00 mg/L、60.00 mg/L 钾标准系列溶液。用 0.00 mg/mL 的钾溶液调节仪器零点，然后由低到高依序测定钾标准系列溶液。

⑥测定。吸取空白溶液和待测液 5～10 mL 于 50 mL 容量瓶中(含钾 10～50 mg/L)用水定容，直接在火焰光度计或原子吸收分光光度计上测定，可从仪器上直接获得空白溶液和待测液的钾浓度。

⑦计算全钾含量(T_K)。计算公式如下：

$$T_K = \frac{(c - c_0) \times V \times t_s}{m_1 \times 1000}$$

$$t_s = \frac{V_1}{V_2}$$

$$k = \frac{m_2}{m_1}$$

式中，T_K 为全钾含量，g/kg 或 mg/g；c 为从标准曲线上获得的待测液的钾浓度，mg/L；c_0 为从标准曲线上获得的空白溶液的钾浓度，mg/L；V 为测定液定容体积，取 50 mL；t_s 为分取倍数；m_1 为风干土土样质量，g；V_1 为消煮定容液体积，mL；V_2 为吸取消煮定容液体积，mL；m_2 为烘干土质量，g。

(2)土壤速效钾测定。以中性 1 mol/L 乙酸铵溶液为浸提剂，溶液中铵离子与土壤胶体表面的钾离子进行交换，连同水溶性钾离子一起进入溶液，浸提液中的钾可直接用火焰光度计、原子吸收分光光度计或电感耦合等离子体发射光谱仪测定。

①试剂。

A. 浸提剂(1 mol/L 乙酸铵，pH 7.0)：称取 77.1 g 乙酸铵(CH_3COONH_4)溶于近 1 L 水中，如 pH 值不是 7.0，则用稀乙酸(CH_3COOH)或 1∶1 氨水(NH_3H_2O)调节 pH 值至7.0，最后定容至 1 L。

B. 钾标准溶液：称取 105 ℃烘干 2 h 的氯化钾(KCl，优级纯)0.1907 g 溶于 1 mol/L 乙酸铵浸提剂中，并用 1 mol/L 乙酸铵浸提剂定容至 1 L，即为钾标准溶液 $\rho(K)=100$ mg/L。

②仪器。天平(感量 0.01 g)；天平(感量 0.0001 g)；往复式振荡机；火焰光度计；原子吸收分光光度计或电感耦合等离子体发射光谱仪。

③待测液的制备。称取过 2 mm 筛的风干土样 5.00 g 于浸提瓶中，加 1 mol/L 乙酸铵溶液 50.0 mL，盖紧瓶塞，摇匀，在 20～25 ℃下，150～180 r/min 振荡 30 min，立即过滤。若加入乙酸铵溶液放置过久，部分矿物钾会转入溶液中，使速效钾含量偏高。

④空白溶液的制备。空白溶液制备除不加土样外，其他步骤相同。

⑤标准曲线制作。分别吸取 100 mg/L 钾标准溶液 0.00 mL、1.00 mL、2.50 mL、5.00 mL、10.00 mL、20.00 mL 于 50 mL 容量瓶中，用 1 mol/L 乙酸铵溶液定容，即为 0.00 mg/L、2.00 mg/L、5.00 mg/L、10.00 mg/L、20.00 mg/L、40.00 mg/L 的钾标准系列溶液。用 0.00 mg/mL 的钾溶液调节仪器零点，然后由低到高依序测定钾标准系列溶液。

⑥测定。空白溶液和待测液直接用火焰光度计、原子吸收分光光度计或电感耦合等离子体发射光谱仪测定，可从仪器上直接获得空白溶液和待测液的钾浓度。

⑦计算速效钾含量。计算公式如下：

$$A_K=\frac{(c-c_0)\times V}{m\times 1000}$$

式中，A_K 为速效钾含量，g/kg 或 mg/g；c 为从标准曲线上获得的待测液的钾浓度，mg/L；c_0 为从标准曲线上获得的空白溶液的钾浓度，mg/L；V 为显色液体积，取 50 mL；m 为实验土样质量，g。

3）土壤氮测定

测定土壤全氮的方法主要分为湿烧法和干烧法两类。湿烧法就是硫酸消煮法，消解液中铵态氮的测定方法有蒸馏滴定法、扩散法和比色法等。其中以蒸馏滴定的凯氏法最为常用，此方法后来经过了很多改进，目前多用半自动定氮仪和全自动定氮仪测定。全氮测定还可以采用连续流动分析仪法，将复杂的手工操作简化为仪器的自动化监测，可以连续测试批量样品。干烧法是杜马斯于 1831 年创立的，但是由于早期的干烧法只能检测几毫克的样品，使它的实际应用受到了极大的限制。近年来，各种自动化元素分析仪的发展，使得干烧法越来越普遍地被采用为土壤元素的例行分析方法。

土壤中的有效氮变化较大，国内一般用碱解扩散法测定水解性氮，此法操作简便，结果的再现性较好，而且与林木需氮情况有一定的相关性。近年来，各国广泛采用土壤铵态氮和硝态氮取代以前的土壤水解性氮指标。土壤铵态氮测定主要分直接蒸馏和浸提后测定两类方法，直接蒸馏可能使结果偏高，故目前都用中性盐(K_2SO_4、KCl、NaCl 等)溶液浸提，一般多采用 2 mol/L 的 KCl 溶液浸提，浸提液中的铵态氮可选用还原蒸馏法、比色法、电极法和连续流动分析仪法等测定。土壤硝态氮的测定，可先用水或中性盐溶液提取，要求制备澄清无色的浸提液，浸提液中的硝态氮可用比色法、还原蒸馏法、电极法、紫外分光光度法和连续流动分析仪法等测定。此处全氮的测定以凯氏定氮法和元素分析仪法为例，水解性氮的测定以碱解扩散法为例，硝态氮的测定以酚二磺酸比色法为例，铵态氮的测定以靛酚蓝比色法为例，其余方法可见林业行业标准《森林土壤氮的测定》（LY/T 1228—2015）。

(1)土壤全氮的测定。在测定土壤中的全氮含量时，通常不包括硝态氮和亚硝态氮。这个过程涉及使用浓硫酸作为消煮剂，并在加速剂的辅助下，将土壤中的有机氮转化为铵态氮。随后，通过加入氢氧化钠进行碱化，并在加热条件下进行蒸馏，释放出的氨气被硼酸溶液吸收。接着，使用酸标准溶液对吸收的氨进行滴定，从而计算出土壤中全氮的含量。

若需测定包括硝态氮和亚硝态氮在内的土壤全氮含量，则在消煮前需进行额外的处理。首先，使用高锰酸钾将样品中的亚硝态氮氧化为硝态氮。其次，利用还原铁粉将硝态氮和剩余的亚硝态氮还原为铵态氮。完成这些步骤后，再按照上述方法进行碱化、蒸馏、吸收和滴定，即可求得包括硝态氮和亚硝态氮在内的土壤全氮含量。

①试剂。

A. 消解加速剂，硫酸钾（K_2SO_4）与五水硫酸铜（$CuSO_4 \cdot 5H_2O$）以 10∶1 混合，于研钵中研细，应充分混合均匀。

B. 10 mol/L 氢氧化钠溶液，称取 400.0 g 氢氧化钠（NaOH）溶于水中，并稀释至 1 L。

C. 0.1 mol/L 氢氧化钠溶液，称取 0.40 g 氢氧化钠溶于水，定容到 100 mL。

D. 甲基红-溴甲酚绿混合指示剂，称取 0.50 g 溴甲酚绿（$C_{21}H_{14}Br_4O_5S$）和 0.10 g 甲基红（$C_{15}H_{15}N_3O_2$）于玛瑙研钵中研细，用少量 95%乙醇研磨至全部溶解，用 95%乙醇定容到 100 mL。该指示剂贮存期不超过 2 个月。

E. 硼酸-指示剂溶液，称取 10.0 g 硼酸（H_3BO_3），溶于 1 L 水中。使用前，每升硼酸溶液中加 5.0 mL 甲基红-溴甲酚绿混合指示剂，并用 0.1 mol/L 氢氧化钠溶液调节至红紫色（pH 值约 4.5）。此溶液放置时间不宜超过 1 周，如在使用过程中 pH 值有变化，需随时用稀酸或稀碱调节。

F. 0.1 mol/L 硼砂溶液，称取 9.534 g 硼砂溶于水，移入 500 mL 容量瓶中，用水定容至刻度。

G. 0.02 mol/L 硼砂标准溶液，将 0.1 mol/L 硼砂溶液准确稀释 5 倍。

H. 0.1 mol/L 盐酸溶液或硫酸溶液，吸取 8.4 mL 盐酸，用水定容到 1 L，或吸取 5.4 mL 硫酸，缓缓加入 200 mL 水中，定容到 1 L。

I. 0.02 mol/L 盐酸或硫酸标准溶液，将 0.1 mol/L 的盐酸溶液或硫酸溶液准确稀释 5 倍，获得 0.02 mol/L 的盐酸或硫酸标准溶液，并用硼砂标准溶液标定。标定：吸取 0.02 mol/L 硼砂标准溶液 20.0 mL 于 100 mL 锥形瓶中，加 1 滴甲基红-溴甲酚绿混合指示剂，用盐酸或硫酸标准溶液滴定至溶液由蓝色变为紫红色为终点。同时，做空白试验。盐酸标准溶液的浓度按下式计算。

$$c = \frac{c_1 \times V_1}{V_2 - V_0}$$

式中，c 为盐酸标准溶液浓度，mol/L；c_1 为硼砂标准溶液浓度，mol/L；V_1 为硼砂标准溶液体积，mL；V_2 为盐酸标准溶液体积，mL；V_0 为空白试验消耗盐酸标准溶液体积，mL。

J.高锰酸钾溶液，称取25.0 g高锰酸钾($KMnO_4$)溶于500 mL水中，贮于棕色瓶中。

K.1∶1硫酸，硫酸与水体积比为1∶1，均匀混合。

L.辛醇。

M.还原铁粉(Fe)，磨细通过孔径0.149 mm筛。

②仪器。天平(感量0.01 g)；天平(感量0.0001 g)；半自动定氮仪、全自动定氮仪或元素分析仪；控温消煮炉。

③土样消煮。

A.不包括硝态氮和亚硝态氮的消煮：称取过0.149 mm筛的烘干土样1.00 g(含氮约1 mg)，将土样送入干燥的消化管底部(勿将样品黏附在瓶壁上)，加入2.0 g加速剂，摇匀，加数滴水使样品湿润，然后加5.0 mL浓硫酸。将消煮管接上回流装置或插上弯颈玻璃漏斗后置于控温消煮炉上，用小火200 ℃加热(温度升到200 ℃开始计时)，20 min后，加强火力至375 ℃，并以H_2SO_4蒸气在瓶颈上部1/3处冷凝回流为宜，待消煮液和土粒全部变成灰白稍带绿色后，再继续消煮1 h后关闭电源，冷却，待蒸馏。

B.包括硝态氮和亚硝态氮的消煮：称取过0.149 mm筛的烘干土样1.00 g(含氮约1 mg)，将土样送入干燥的消化管底部(勿将样品黏附在瓶壁上)，加1.0 mL高锰酸钾溶液，摇动消化管，再缓缓加入1∶1硫酸2.0 mL，不断转动消化管，然后放置5 min，再加入1滴辛醇。通过长颈漏斗将0.50 g还原铁粉送入消化管底部，瓶口盖上小漏斗，转动消化管，使铁粉与酸接触，待剧烈反应停止时(约5 min)，将消化管置于控温消煮炉上缓缓加热45 min(瓶内土液应保持微沸，以不引起大量水分丢失为宜)。待消化管冷却后，加2.0 g加速剂和5.0 mL硫酸，摇匀。按相同的步骤消煮至土液全部变为黄绿色，再继续消煮1 h。消煮完毕，冷却，待蒸馏。

④空白溶液的制备。空白溶液的制备除不加土样外，其他步骤与上述步骤相同。

⑤用半自动定氮仪测定。

A.蒸馏和滴定。在进行土壤全氮的蒸馏测定前，首先需要仔细检查定氮仪，确保其符合仪器使用说明书的要求。为了确保蒸馏管道的清洁，先使用去离子水进行空蒸，直到消耗的盐酸量减少到0.4 mL以下，从而确保管道内的残留物质被彻底清除。接下来，向一个150 mL的锥形瓶中准确加入10.0 mL的硼酸指示剂混合溶液，并将这个锥形瓶放置在定氮仪的冷凝管下方，确保冷凝管的管口完全插入硼酸溶液中，以避免在蒸馏过程中氨气的不完全吸收。之后，将已消煮好的土壤样品管连接到定氮仪上，并加入20 mL的氢氧化钠溶液以启动蒸馏过程。蒸馏过程中，氨气会从土壤样品中释放出来，并被冷凝管冷凝后流入锥形瓶的硼酸溶液中。当馏出液的体积达到约50 mL时，表示蒸馏过程已经完成。为了确定馏出液中氨气的含量，使用0.02 mol/L的盐酸或硫酸标准溶液进行滴定。滴定过程中，观察溶液颜色的变化，当溶液由蓝绿色刚变为紫红色并且这种颜色在30 s内不褪色时，表示滴定已经到达终点。记录下滴定过程中所使用的酸标准溶液的体积。为了确保测量结果的准确性，还需要进行空白测定。在空白测定中，使用相同的方法，但不加入土壤样品。空白测定所使用的酸标准溶液的体积一般不应超过 0.4 mL。这样，就可以通过比较样品测定和空白测定的结果，计算出土壤中全氮的准确含量。

B. 结果计算。用凯氏定氮法测定全氮含量，计算公式如下：

$$W_N = \frac{(V - V_0) \times c \times 0.014}{m_1}$$

式中，W_N为全氮含量，g/kg；V 为滴定样品溶液所用盐酸标准溶液的体积，mL；V_0为滴定空白溶液所用盐酸标准溶液的体积，mL；c 为盐酸标准溶液的浓度，mol/L；0.014 为氮原子的毫摩尔质量，g/mmol；m_1为烘干土样质量，g。

⑥用全自动定氮仪测定。参照仪器说明，在仪器设定中，设定加入 50 mL 水、40 mL 氯氧化钠溶液和 25 mL 硼酸-指示剂溶液，输入土样质量、标准酸浓度，将消化管置于自动定氯仪上进行蒸馏、滴定，同时先做空白溶液试验测定，空白溶液所用标准溶液的体积，仪器会自动扣除空白值，自动计算和记录样品含氨量，测定完毕可直接打印测定结果。允许偏差详见表 1-3。

表 1-3 允许偏差

测定值/(g/kg)	允许偏差/(g/kg)
>5	[0.15,0.30]
(1,5]	[0.05,0.15)
[0.5,1]	(0.03～0.05)
<0.5	0.03

⑦用元素分析仪测定。样品在燃烧管中高温燃烧，使被测氮元素的化合物转化为 NO_x，然后经自然铜的还原和杂质(如卤素)去除过程，NO_x被转化为 N_2，随后氮的含量被热导检测器检测。

A. 试剂和材料。标准物质试剂有苯甲酸、乙酰苯胺、2,4-二硝基苯腙及对氨基苯磺酸；载气有氦气或氩气；氧气。

B. 仪器。天平(感量 0.1 mg)、元素分析仪。

C. 测定步骤。参照仪器使用说明书，按样品测定程序，测定土壤样品的氮含量。

(2)水解性氮的测定。用 1.8 mol/L 氢氧化钠溶液处理土壤。在扩散皿中，土壤于碱性条件下进行水解，使易水解氮经碱解氮转化为铵态氮，扩散后由硼酸溶液吸收。用标准酸滴定，计算碱解氮的含量。如果森林土壤硝态氮含量较高，应加入还原剂还原。森林土壤的潜育土壤由于硝态氮含量较低，不需加还原剂还原，因此氢氧化钠溶液浓度可降低到 1.2 mol/L。

①试剂。

A. 1.8 mol/L 氢氧化钠溶液，称取 72.0 g 氢氧化钠($NaOH$)溶于水，定容至 1 L。

B. 1.2 mol/L 氢氧化钠溶液，称取 48.0 g 氢氧化钠($NaOH$)溶于水，定容至 1 L。

C. 锌-硫酸亚铁还原剂，称取磨细并通过 0.25 mm 孔径的硫酸亚铁($FeSO_4 \cdot 7H_2O$)50.0 g 及 10.0 g 锌粉(Zn)混匀，贮于棕色瓶中。

D. 碱性溶液，称取 40.0 g 阿拉伯胶和 50 mL 水置于烧杯中，调匀，加热到 60～70 ℃，冷却；加入 40 mL 甘油（$C_3H_8O_3$）和 20 mL 饱和碳酸钾（K_2CO_3）水溶液，搅匀，冷却。离心除去不溶物（最好放置在盛有浓硫酸的干燥器中除去氨）。

E. 0.01 mol/L 盐酸标准溶液，量取 100.0 mL 的 0.1 mol/L 盐酸溶液，用水定容至 1 L。盐酸标准溶液的标定：将 0.1 mol/L 的盐酸溶液准确稀释 5 倍，获得 0.02 mol/L 的盐酸标准溶液，并使用硼砂标准溶液标定，即吸取 20.0 mL 硼砂标准溶液于 100 mL 锥形瓶中，加 1 滴甲基红-溴甲酚绿混合指示剂，用盐酸标准溶液滴定至溶液由蓝色变为紫红色为终点。同时，做空白实验。盐酸标准溶液浓度按下式计算：

$$c=\frac{c_1\times V_1}{V_2-V_0}$$

式中，c 为盐酸标准溶液浓度，mol/L；c_1 为硼砂标准溶液浓度，mol/L；V_1 为硼砂标准溶液体积，mL；V_2 为盐酸标准溶液体积，mL；V_0 为空白实验消耗盐酸标准溶液体积，mL。

F. 甲基红-溴甲酚绿混合指示剂，称取 0.50 g 溴甲酚绿（$C_{21}H_{14}Br_4O_5S$）及 0.10 g 甲基红（$C_{15}H_{15}N_3O_2$）于玛瑙研钵中研细，用少量 95%乙醇（C_2H_5OH）研磨至全部溶解，用 95%乙醇定容至 100 mL。该指示剂贮存期不超过 2 个月。

G. 硼酸-指示剂溶液，称取 10.0 g 硼酸（H_3BO_3），溶于 1 L 水中。使用前，每升硼酸溶液中加 5.0 mL 甲基红-溴甲酚绿混合指示剂，并用 0.1 mol/L 氢氧化钠溶液调节至紫红色（pH 值约为 4.5）。此溶液放置时间不宜超过 1 周，如在使用过程中 pH 值发生变化，需随时用稀酸或者稀碱调节。

②仪器。天平（感量 0.01 g）；天平（感量 0.001 g）；恒温箱。

③测定步骤。

A. 称取过 2 mm 筛的烘干土样 1.00～2.00 g（精确至 0.01 g），均匀地平铺于扩散皿外室，在土壤外室内加 1 g 锌-硫酸亚铁还原剂平铺于土样上（若为潜育土壤，不需加还原剂）。同样，做试剂空白对比。

B. 加 3.0 mL 20 g/L 硼酸-指示剂溶液于扩散皿内室。

C. 在扩散皿外室边缘上方涂碱性溶液，盖好毛玻璃并旋转数次，使毛玻璃与扩散皿完全黏和。然后慢慢转开毛玻璃的一边，使扩散皿的一边露出一条狭缝，通过狭缝加入 10.0 mL 1.8 mol/L 氢氧化钠溶液于扩散皿外室，立即用毛玻璃盖严。由于碱性溶液的碱性较强，在涂溶液时，应小心，慎防污染内室造成误差。

D. 水平地轻轻转动扩散皿，使外室溶液与土样充分混合，然后小心地用两根橡皮筋交叉成十字形圈定，使毛玻璃固定。放在恒温箱中，于 40 ℃保温 24 h，在此期间应间歇地水平轻轻转动 3 次。

E. 用 0.01 mol/L 盐酸标准溶液滴定内室硼酸中吸收的氨量，颜色由蓝变紫红，即达到终点。滴定时应用细玻璃搅动内室溶液，不宜摇动扩散皿，以免溢出，接近终点时可用玻璃棒沾滴定管尖端的标准酸溶液，以防滴过终点。

F. 在样品测定的同时，进行空白溶液测定和标准土样测定。

④结果计算。

水解性氮含量的计算公式如下：

$$W_N = \frac{(V - V_0) \times c \times 0.014}{m_1}$$

式中，W_N为水解性氮含量，mg/kg；V为滴定样品所用盐酸标准溶液体积，mL；V_0为滴定空白溶液所用盐酸标准溶液体积，mL；c为盐酸标准溶液的浓度，mol/L；m_1为烘干土样质量，g；0.014为氮原子的摩尔质量，g/mmol。

⑤允许偏差。允许偏差如表1-4所示。

表1-4 允许偏差

测定值/(mg/kg)	允许偏差
>200	相对偏差<5%
[50,200]	绝对偏差2.5~10 mg/kg
<50	绝对偏差<2.5 mg/kg

(3)硝态氮的测定。土样用饱和硫酸钙溶液浸提后，取部分浸提液在微碱性条件下蒸发至干，残渣用酚二磺酸处理，此时硝态氮即与酚二磺酸生成硝基酚二磺酸，此反应应在无水条件下才能迅速完成。反应产物在酸性介质中无色，碱化后则为稳定的黄色盐溶液，可在420 nm波长处比色测定。

①试剂。

A. 酚二磺酸试剂，称取25.0 g白色苯酚(C_6H_5OH)置于500 mL锥形瓶中，加入225.0 mL浓硫酸(H_2SO_4)，混匀，瓶口松松地加塞，置于沸水浴中加热6 h。试剂冷却后可能析出结晶，用时需重新加热溶解，但不可加水。试剂应贮于密闭的玻塞棕色瓶中，严防吸湿。

B. 硝态氮标准溶液，称取105 ℃烘干2 h的硝酸钾(KNO_3，优级纯)0.7220 g溶于水，定容至1 L，此时为100 mg/L硝态氮溶液[$\rho(NO_3^-\text{-}N)=100$ mg/L]。将此溶液准确稀释10倍，即为硝态氮标准溶液[$\rho(NO_3^-\text{-}N)=10$ mg/L]。

C. 1∶1氨水，浓氨水(NH_3H_2O，26%)与水体积比为1∶1，均匀混合。

D. 活性炭，不含NO_3^--N，用以除去有机质的颜色。

②仪器。天平(感量0.01 g)；天平(感量0.0001 g)；往复振荡机(振荡频率150~180 r/min)；紫外/可见分光光度计；水浴锅；瓷蒸发皿。

③测定步骤。

A. 待测液的制备。称取过2 mm筛的新鲜土样50.00 g于500 mL浸提瓶中，加0.5 g硫酸钙和250.0 mL水，用振荡机振荡30 min，将悬液上清液用干滤纸过滤，澄清的滤液用干燥洁净的瓶收集。如果滤液因有机质而呈现颜色，可加活性炭除之。

B. 空白溶液的制备。空白溶液的制备除不加土样外，其他步骤同上。

C. 标准曲线制作。分别吸取 10 mg/L 硝态氮标准溶液 0.00 mL、1.00 mL、2.00 mL、5.00 mL、10.00 mL、15.00 mL、20.00 mL 于蒸发皿中，加 0.05 g 碳酸钙，在水浴上蒸干，到达干燥时不应继续加热。冷却，迅速加入 2.0 mL 酚二磺酸试剂，将蒸发皿旋转，使试剂充分接触蒸干物。静置 10 min 使之充分作用后，加 20.0 mL 水，用玻璃棒搅拌直到蒸干物全部溶解。冷却后缓缓加入 1∶1 氨水，并不断搅拌，至溶液呈微碱性(溶液显黄色)，且多加 2.0 mL，以保证氨水试剂过量。然后将溶液完全地转移至 100 mL 容量瓶中，加水定容，获得的标准系列溶液浓度为 0.00 mg/L、0.10 mg/L、0.20 mg/L、0.50 mg/L、1.00 mg/L、1.50 mg/L、2.00 mg/L。在分光光度计上用 1 cm 比色皿在波长 420 nm 处进行比色，以 0.00 mg/L 标准溶液为参比溶液调节仪器零点，由低到高测定标准系列浓度的吸光值。

D. 测定。吸取待测液 25～50 mL(含硝态氮 20～150 mg/L)于蒸发皿中，加0.05 g碳酸钙，在水浴上蒸干，到达干燥时不应继续加热。冷却，迅速加入 2.0 mL 酚二磺酸试剂，将蒸发皿旋转，使试剂充分接触蒸干物。静置 10 min 使之充分作用后，加 20 mL 水，用玻璃棒搅拌直到蒸干物全部溶解。冷却后缓缓加入 1∶1 氨水，并不断搅拌，至溶液呈微碱性(溶液显黄色)，且多加 2.0 mL，以保证氨水试剂过量。然后将溶液完全地转移至 100 mL 容量瓶中，加水定容。在分光光度计上用 1 cm 比色皿在波长 420 nm 处进行比色。

E. 结果计算。用酚二磺酸比色法测定硝态氮含量，计算公式如下：

$$W_N = \frac{(c - c_0) \times V \times t_s}{m_2 \times k_2}$$

$$t_s = \frac{V_1}{V_2}$$

$$k_2 = \frac{m_1}{m_2}$$

式中，W_N 为硝态氮(NO_3^--N)含量，mg/kg；c 为从工作曲线上获得的待测液的硝态氮浓度，mg/L；c_0 为从工作曲线上获得的空白溶液的硝态氮浓度，mg/L；V 为显色液体积，取 100 mL；t_s 为分取倍数；m_1 为烘干土样质量，g；k_2 为由鲜土土样换算成烘干土样的水分换算系数，%；m_2 为鲜土土样质量，g；V_1 为待测液体积，mL；V_2 为吸取待测液体积，mL。

(4)铵态氮的测定。当需要对土壤胶体中吸附的 NH_4^+ 以及水溶性的 NH_4^+ 进行测量时，通常会采用 KCl(浓度为 2 mol/L)作为浸提剂。这种方法通过溶解和提取土壤中的铵态氮，从而能够分析土壤中铵态氮的含量。在测定过程中，土壤浸提液中的铵态氮会与强碱性介质、次氯酸盐以及苯酚发生化学反应，生成一种水溶性的染料，即靛酚蓝。这种反应在特定的浓度范围内(铵态氮浓度在 0.05 mol/L 至 0.5 mol/L 之间)具有非常良好的线性关系，即铵态氮的浓度越高，生成的靛酚蓝的吸光度也就越高。基于这种线性关系，可以通过比色法来测定土壤中铵态氮的含量。比色法是一种通过测量溶液颜色深浅(即吸光度)来确定其中某种物质浓度的方法。在测定铵态氮时，会使用标准溶液和待测溶液进行比较，通过测量它们的吸光度差

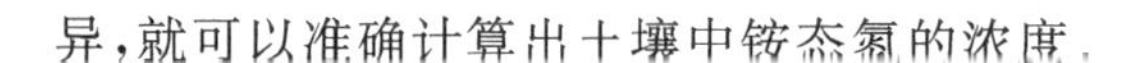
异，就可以准确计算出土壤中铵态氮的浓度。

①试剂。

A. 2 mol/L 氯化钾溶液，称取氯化钾(KCl)149.0 g 溶于水中，定容至 1 L。

B. 苯酚-硝普钠溶液，用于铵态氮测定的显色剂。首先称取 10.0 g 苯酚(C_6H_6OH)和 100 mg硝普钠($Na_2[Fe(CN)_5NO]\cdot 2H_2O$)，然后将它们溶解在适量的水中，并稀释至 1 L。此溶液不稳定，应存放在棕色瓶中，并在 4 ℃的冰箱中保存。注意，硝普钠(亚硝基铁氰化钠)具有剧毒，因此在使用和处理废液时需特别小心。

C. 次氯酸钠碱性溶液，是铵态氮测定中的另一个关键试剂。首先称取 10.0 g 氢氧化钠($NaOH$)、7.06 g 磷酸氢二钠($Na_2HPO_4\cdot 7H_2O$)和 31.8 g 磷酸钠($Na_3PO_4\cdot 12H_2O$)，将它们溶解在水中。接着，加入 10 mL 次氯酸钠溶液(由 5.25 g 次氯酸钠溶于 100 mL 水中制得)，然后稀释至 1 L。此溶液同样应存放在棕色瓶中，并在 4 ℃的冰箱中保存。

D. 掩蔽剂，用于消除其他离子对铵态氮测定的干扰。首先分别称取 40.0 g 酒石酸钾钠($KNaC_4H_4O_6\cdot 4H_2O$)溶于 100 mL 水，以及 10.0 g EDTA 二钠盐($C_{10}H_{14}O_8N_2Na_2$)溶于 100 mL水，然后将这两种溶液等体积混合。同时，在每 100 mL 混合液中加入 0.5 mL 10 mol/L的氢氧化钠溶液。

E. 铵态氮标准溶液，用于校准和验证铵态氮的测定方法。首先称取在 105 ℃下烘干 2 h 的硫酸铵[$(NH_4)_2SO_4$，优级纯]0.4717 g，溶解在水中，并定容至 1 L，得到含铵态氮的贮存溶液($\rho(NH_4^+\text{-}N)=100$ mg/L)。在使用前，将此贮存溶液加水稀释 40 倍，即得到铵态氮标准溶液($\rho(NH_4^+\text{-}N)=2.5$ mg/L)。

②仪器。天平(感量 0.01 g)；天平(感量 0.0001 g)；往复振荡机(振荡频率 150～180 r/min)；紫外/可见分光光度计。

③测定步骤。

A. 待测液的制备。称取过 2 mm 筛的新鲜土样 20.00 g 于 200 mL 浸提瓶中，加入 100 mL氯化钾溶液，加塞，放在振荡机上振荡 1 h，用干滤纸过滤，如不能在 24 h 内分析，需置于冰箱中存放(如果土壤 NH_4^+-N 含量低，可将液土比改为 2.5：1)。

B. 空白溶液的制备。空白溶液的制备除不加土样外，其他步骤同上。

C. 标准曲线制作。为了绘制铵态氮的标准曲线，首先需要准备一系列不同浓度的标准液。从 0.00 mL 开始，依次递增吸取 2.00 mL、4.00 mL、6.00 mL、8.00 mL、10.00 mL 的铵态氮标准液，并分别加入 50 mL 的容量瓶中。接着，向每个容量瓶中加入 10 mL 的氯化钾溶液，以维持溶液的稳定性和离子平衡。这样，即得到了一个标准系列溶液，其浓度分别为 0.00 mg/L、0.10 mg/L、0.20 mg/L、0.30 mg/L、0.40 mg/L、0.50 mg/L。随后，向每个容量瓶中加入 5.0 mL 的苯酚溶液和 5.0 mL 的次氯酸钠碱性溶液，并充分摇匀混合。将这些溶液在约 20℃的室温下放置 1 h，以确保铵态氮与试剂充分反应。之后，加入 1.0 mL 的掩蔽剂，用于溶解可能产生的沉淀物，并保持溶液的清澈。最后，用水将每个容量瓶的溶液定容至刻度。使用 1 cm 的比色皿，在 625 nm 的波长处(或使用红色滤光片)进行比色测定。首先，以 0.00 mg/L 的标准溶液作为参比溶液，调节仪器的零点。其次，从低到高依次测定标准系列待测液的吸收值，这些吸收值将用于绘制铵态氮的标准曲线。

④测定。首先，从土壤浸出液中吸取 2～10 mL 的样品，放入 50 mL 的容量瓶中。其次，用氯化钾溶液补充至 10 mL，再加入 5.0 mL 的苯酚溶液和 5.0 mL 的次氯酸钠碱性溶液，摇匀混合。同样地，将这些溶液在约 20 ℃的室温下放置 1 h，并加入 1.0 mL 的掩蔽剂。最后，用水将溶液定容至刻度。使用相同的比色皿和波长设置，首先测定待测液的空白溶液(即不含铵态氮的溶液)的吸光值，然后测定待测液的吸光值。这两个吸光值将用于计算土壤中铵态氮的含量。

⑤结果计算。用靛酚蓝比色法测定铵态氮含量，计算公式如下：

$$W_N = \frac{(c - c_0) \times V \times t_s}{m \times k_2}$$

$$k_2 = \frac{m_1}{m}$$

式中，W_N 为铵态氮(NH_4^+-N)含量，mg/kg；c 为由标准曲线上获得的待测液的铵态氮的浓度，mg/L；c_0 为由标准曲线上获得的空白溶液的铵态氮的浓度，mg/L；V 为显色液的体积，mL；m 为鲜土土样质量，g；m_1 为烘干土样质量，g；k_2 为将鲜土土样换算成烘干土样的水分换算系数。

4)土壤有机碳测定

(1)方法原理。在加热条件下，土壤样品中的有机碳被过量重铬酸钾-硫酸溶液氧化，重铬酸钾中的六价铬(Cr^{6+})被还原为三价铬(Cr^{3+})，其含量与样品中有机碳的含量成正比。于 585 nm波长处测定吸光度，根据三价铬(Cr^{3+})的含量计算有机碳含量。

(2)干扰和消除。土壤中的亚铁离子(Fe^{2+})会导致有机碳的测定结果偏高，可在试样制备过程中将土壤样品摊成 2～3 cm 厚的薄层，在空气中充分暴露使亚铁离子(Fe^{2+})氧化成三价铁离子(Fe^{3+})以消除干扰。土壤中的氯离子(Cl^-)会导致土壤有机碳的测定结果偏高，通过加入适量硫酸汞以消除干扰。

(3)试剂和材料。除非另有说明，分析时均使用符合国家标准的分析纯化学试剂，实验用水为在 25 ℃下电导率不大于 0.2 mS/m 的去离子水或蒸馏水。

①硫酸：$\rho(H_2SO_4)$=1.84 g/mL。

②硫酸汞。

③重铬酸钾溶液：$c(K_2Cr_2O_7)$=0.27 mol/L，称取 80.00 g 重铬酸钾溶于适量水中，溶解后移至 1000 mL 容量瓶，用水定容，摇匀。该溶液贮存于试剂瓶中，4 ℃下保存。

④葡萄糖标准使用液：$\rho(C_6H_{12}O_6)$=10.00 g/L，称取 10.00 g 葡萄糖溶于适量水中，溶解后移至 1000 mL 容量瓶，用水定容，摇匀。该溶液贮存于试剂瓶中，有效期为一个月。

(4)仪器和设备。

①分光光度计：具 585 nm 波长，并配有 10 mm 比色皿。

②天平：精度为 0.1 mg。

③恒温加热器：温控精度为(135±2)℃，恒温加热器带有加热孔，其孔深应高出具塞消解玻璃管内液面约 10 mm，且具塞消解玻璃管露出加热孔部分约 150 mm。

④具塞消解玻璃管：具有 100 mL 刻度线，管径为 35～45 mm(具塞消解玻璃管外壁必须能够紧贴恒温加热器的加热孔内壁，否则不能保证消解完全)。

⑤离心机：0～3000 r/min，配有 100 mL 离心管。

⑥土壤筛：2 mm(10 目)、0.25 mm(60 目)，不锈钢材质。

(5)试样的制备。将土壤样品平摊在洁净白色搪瓷托盘中，2～3 cm 厚。先剔除植物、昆虫、石块等残体，使用木槌压碎土块，自然风干，风干时每天翻动几次。充分混匀风干土壤，采用四分法，取其两份，一份留存，一份通过 2 mm 土壤筛用于干物质含量测定。在过 2 mm 筛的样品中取出 10～20 g 进一步细磨，并通过 60 目(0.25 mm)土壤筛，装入棕色具塞玻璃瓶中，待测。

(6)干物质含量的测定。参照前文“土壤干物质含量测定”部分。

(7)校准曲线的绘制。

①准备六个 100 mL 具塞消解玻璃管，分别加入 0.00 mL、0.50 mL、1.00 mL、2.00 mL、4.00 mL 和 6.00 mL 的葡萄糖标准使用液。这些标准液对应的有机碳质量分别为 0.00 mg、2.00 mg、4.00 mg、8.00 mg、16.0 mg 和 24.0 mg。

②向每个消解管中加入 0.1 g 硫酸汞和 5.00 mL 重铬酸钾溶液，充分摇匀。随后，缓慢加入 7.50 mL 硫酸，并轻轻摇匀。

③开启恒温加热器，设置为 135 ℃。当温度接近 100 ℃时，将消解管放入加热孔中，从仪器温度显示 135 ℃时开始计时，加热 30 min。加热完成后，关闭加热器，取出消解管进行水浴冷却至室温。向每个消解管中加入约 50 mL 水，继续冷却至室温。用水定容至 100 mL 刻线，并加塞摇匀。

④在波长 585 nm 处，使用 10 mm 比色皿，以水为参比，分别测量各标准液的吸光度。以零浓度校正吸光度为纵坐标，对应的有机碳质量为横坐标，绘制校准曲线。

(8)测定。

①准确称取适量试样，小心加入 100 mL 具塞消解玻璃管中，避免沾壁。

②向消解管中加入 0.1 g 硫酸汞和 5.00 mL 重铬酸钾溶液，摇匀。缓慢加入 7.50 mL 硫酸，轻轻摇匀。将消解管放入已预热至 135 ℃的恒温加热器中，加热 30 min。

③取出消解管，水浴冷却至室温。加入约 50 mL 水，继续冷却至室温。用水定容至 100 mL 刻线，并加塞摇匀。

④将定容后的试液静置 1 h，取约 80 mL 上清液至离心管中，以 2000 r/min 离心速度分离 10 min。离心后直接在消解管内静置至澄清。

⑤取上清液，在波长 585 nm 处，使用 10 mm 比色皿测量吸光度。根据校准曲线，计算样

品中的有机碳含量。土壤有机碳含量与试样取样量关系见表1-5。

表1-5 土壤有机碳含量与试样取样量关系

土壤有机碳含量/%	试样取样量/g
[0.00,4.00)	0.400~0.500
[4.00,8.00)	0.200~0.250
[8.00,16.0]	0.100~0.125

注:当样品有机碳含量超过16.0%时,应增大重铬酸钾溶液的加入量,重新绘制校准曲线;一般情况下,试液离心后静置至澄清约需5 h或直接静置至澄清约需8 h。

(9)空白试验。在具塞消解玻璃管中不加入试样,按照上述相同的步骤进行测定。

(10)结果计算。土壤中的有机碳含量(以干重计,质量分数,%),按照下式进行计算

$$m_1 = m \times \frac{w_{dm}}{100}$$

$$w_{oc} = \frac{(A - A_0 - a)}{b \times m_1 \times 10}$$

式中,m_1为试样中干物质的质量,g;m为试样取样量,g;w_{dm}为土壤的干物质含量(质量分数),%;w_{oc}为土壤样品中有机碳的含量(以干重计,质量分数),%;A为试样消解液的吸光度;A_0为空白试验的吸光度;a为校准曲线的截距;b为校准曲线的斜率。

1.4 实习内容四:植物性状分类及测定

1.4.1 植物性状的分类

植物性状(plant traits)或植物功能性状(plant functional traits)通常是指植物对外界环境长期适应与进化后所表现出的可量度,且与植物的生长、繁殖以及存活等功能密切相关的属性。植物性状种类繁多,可简单分为叶性状、枝性状、干性状、根性状、繁殖性状、整体性状等。植物性状分类通常是根据植物的形态、结构、生命周期、生长习性等特征进行的(Díaz et al.,1997;He et al.,2020;孟婷婷 等,2007)。

1.4.2 植物性状的测定

植物性状测定是对植物的各种特征进行定量或定性描述的过程,它可以用于研究植物的形态、生理、生态等方面的特征。植物根、茎、叶的表型性状测定是判断植物生活状态、生命策略的重要依据,对其进行测定、记录和分析具有重要意义。其中,测定性状时形成的纸质版记录,作为一切数据来源的原始数据非常重要。

1.植物叶性状测定

1)植物叶片鲜重测定

植物叶片鲜重测定有助于我们了解植物的生长状况、水分状况以及叶片的生埋活性。

(1)实习工具。剪刀、枝剪、电子天平(精度为 0.001 g)、称量纸或称量舟。

(2)实习步骤。

①选择健康的植物叶片作为实验对象,最好选择干净、生长状况良好、叶片饱满且无病虫害的叶片。

②使用剪刀或刀片,从植株上剪下需要测定的叶片。在剪取叶片时,要尽可能保持叶片的完整性,避免造成不必要的损伤。

③将剪下的叶片迅速放入已知重量的称量纸或称量舟中。为了避免叶片失水,这个过程要尽可能迅速。接下来,使用电子天平或精度较高的天平,将叶片和称量纸或称量舟一起称重。这个重量减去称量纸或称量舟的重量,就是叶片的鲜重。

在测定过程中,需要注意以下几点。首先,确保天平的准确性和稳定性,以获取准确的测量结果。其次,尽量在相同的环境条件下进行测定,以减少误差,若叶片沾有雨水,应当用纸擦净。此外,为了获得更可靠的数据,可以多次测定不同叶片的鲜重,并取平均值。注意,要在相同的时间和条件下进行测量,以减少外界因素的影响。

通过测定植物叶片的鲜重,我们可以了解植物的生长状况和叶片的生理活性。如果叶片鲜重较轻,可能意味着植物遭受了干旱或其他环境压力,导致叶片失水;而叶片鲜重较重,则可能表示植物处于充足的水分和养分条件下,生长旺盛。

2)植物叶片干重测定

(1)实习工具。剪刀、枝剪、电子天平(精度为 0.001 g)、称量纸或称量舟、纸质信封、标签纸、烘箱。

(2)实习步骤。

①采集植物叶片样品,并进行筛选,确保叶片大小相同。通常,采集新鲜的叶片进行测量。

②称量称量纸的重量,然后将筛选好的叶片平均地放在称量纸上,再重新称量称量纸和叶片的总重量。通过两次称量的差值,可以获得叶片的鲜重。

③将叶片整理放入信封中,并取适量的标签纸,按顺序标明植物的名称、采集日期、样品编号等信息。然后将信封放入烘干器中进行烘干,通常需要在 105 ℃下杀青 30 min,然后将烘箱调至 55 ℃继续烘 24 h,若 24 h 后并未干透,则继续烘至叶片完全干透。待其完全干透后取出。

④使用天平或电子秤测量烘干后的叶片重量,即为叶片的干重。

在测量过程中,需要注意以下几点:

第一,确保测量器材的准确性和精度,以避免误差的产生。

第二,采集叶片样品时,要选择健康的、具有代表性的叶片,以确保测量结果的准确性。

第三，在烘干叶片时，要控制好烘干器的温度和时间，以确保叶片完全干透且不会受损。

第四，在测量干重时，要等待叶片完全冷却后再进行称量，以避免因温度引起的误差。

通过以上步骤，可以准确地测定植物叶片的干重，为进一步研究植物生理生态学特性提供基础数据。

3)植物叶片厚度测定

(1)实习工具。游标卡尺(精度为 0.01 mm)。

(2)实习步骤。

①每个植株(个体)取 3～6 片完整叶片，叶片应位于植株不同高度与方位。

②在叶片上沿着主脉的方向均匀选取 3 个点，测量时应尽量避开叶片主脉及两侧次级叶脉，因为这些部位的厚度可能会有所不同。

③使用游标卡尺在选定的点上进行测量。对于每个点，进行 3 次测量，然后取这 3 次测量的平均值，以代表该点的叶片厚度。这样可以减小测量误差，提高结果的准确性。

④计算叶片厚度。将每株叶片的厚度平均值计算出来，这个值即为该组叶片的厚度。这个步骤可以帮助我们了解整组叶片的平均厚度，从而更好地了解植物的生长状况。

以上就是植物叶片厚度的测定过程。这个过程需要精确的工具和仔细的测量，以确保结果的准确性。同时，了解叶片厚度的变化规律对于研究植物的生长和生理特性具有重要意义。

4)植物叶面积测定

在植物科学研究中，叶面积的测定是一项基础且重要的工作。通过测量叶面积，我们可以了解植物的生长状况、光合作用的效率、叶片对环境的适应能力等重要信息。本节实习主要介绍方格纸法和 Image J 软件计算法。

(1)方格纸法。

①方法原理。通过计算叶片在方格纸上所覆盖的格子数量来估算叶面积。

②实习工具。叶面积仪(高拍仪)、方格纸。

③实习步骤。

A. 采集健康、无病虫害的叶片进行测量，以确保测量结果的准确性。同时，为了确保测量结果的代表性，还需要选择不同部位、不同生长阶段的叶片进行测量。

B. 进行叶面积测量。对于使用叶面积仪的测量，我们只需将叶片放置在仪器上，按照操作说明进行操作，即可得到叶面积数据。对于使用方格纸的测量，我们需要将叶片放置在方格纸上，用铅笔轻轻描绘出叶片的轮廓，然后数出覆盖的方格数量。需要注意的是，为了减小误差，应该尽量选择叶片平整、无褶皱的部分进行测量。

C. 将测量得到的叶面积数据进行整理和分析，即可得到植物叶片的平均面积、面积分布等信息。

(2)Image J 软件计算法。

①方法原理。Image J 软件能打开任意多的图像进行处理。除了基本的图像操作,比如缩放、旋转、扭曲、平滑处理外,Image J 软件还能进行图片的区域和像素统计,以及间距、角度计算,能创建柱状图和剖面图,进行傅里叶变换。

②实习工具。高拍仪、电脑(装有 Image J 软件)。

③实习步骤。

A. 将叶片擦拭干净后进行扫描,保存为 JPG 格式。Image J 软件可同时扫描多片叶片。扫描时,注意整个图片扫描为 A4 大小,方便后期测量。

B. 导入。点击【File】→【Open】,选择图片导入。用矩形框将目标叶片框住,要包含标尺。点击【image】→【crop】,再用直线工具标出标尺的距离。

C. 设置 scale。选中标尺后,点击【analyze】→【set scale】,若选中了 10 mm 距离,就将"known distance"处改为"10","unit of length"写"mm",勾选"global",这里的意思是全图适用,"Scale: * * * pixels/mm"表示每多少个像素点就代表 1 mm。最后,点击【OK】。

D. 框选区域。用第三个选择框的工具,将叶片层选中,勾勒出叶片的形状。

E. 计算面积。点击【analyze】→【measure】,就可以得出"Area"(叶面积)。

Image J 软件作为一款电脑软件,其功能十分强大,在生物、医学、环境、生态等诸多领域都有应用。除此之外,还可以在软件中设置好上述步骤后,对图片进行批量处理,极大减少时间和工作量。总之,植物叶面积的测定是一项非常重要的工作,通过测量叶面积,我们可以深入了解植物的生长状况和环境适应能力。在实际操作中,我们需要选择合适的测量工具和方法,以确保测量结果的准确性和可靠性。

植物叶性状测定相关数据记录至表 A-4(见附录)。

2. 植物根性状测定

植物的根性状测定是对植物根系结构和特征进行系统观察和描述的过程,旨在了解植物根系的形态、生理和功能特征。这些测定通常通过野外观察、实验室分析或图像处理等方式进行。以下是进行植物根性状测定时通常关注的一些方面。

(1)根长测定。通过直接测量根的长度来评估根的生长情况,可以使用卷尺或直尺等工具进行测量,记录根的总长度、主根长度以及侧根数量等,也同样可以利用 Image J 软件在设定好标尺后进行测量。

(2)根径测定。通过测量根的直径来了解根的粗细程度,可以使用卡尺或测径仪进行测量,记录不同部位根的直径大小。

(3)根体积测定。通过排水法来测定根的体积,以了解根的生长量和空间占据情况。

(4)根毛观察。使用显微镜观察根的表皮细胞上的根毛,了解根毛的数量、长度和形态等特征。根毛对植物吸收水分和养分具有重要作用。

(5)根组织结构观察。通过制作根的组织切片,使用显微镜观察根的内部结构,如皮层、维管束、木质部、韧皮部等部分的排列和形态。这有助于了解根的功能和适应性。

(6)根生理指标测定。可以测定根的呼吸速率、根系活力、根系分泌物等指标,以了解根系的生理状态和代谢活性。这些指标可以反映植物的生长状况、营养状况和抗逆性等。

在测定过程中,需要注意取样的一致性和准确性,以保证结果的可靠性。同时,对于不同种类的植物,可能需要根据其特点选择合适的测定方法。

植物根性状测定相关数据记录至表 A-5(见附录)。

3.植物枝性状测定

1)植物枝鲜重与干重测定

(1)实习工具。电子天平(精度为 0.001 g)、枝剪、小刀、纸质信封、烘箱、标签、称量纸。

(2)实习步骤。

①选择干净整洁、无病虫害、通直的植物枝条(通常直径为 5 ~15 mm),截取其中约2 cm,用小刀轻刮去表皮,不可用力,以防刮去木质部。

②将枝条放置于天平上,记录读数,此为该截枝条鲜重。

③将枝条放入信封中,贴上标签,在 55 ℃烘箱中烘烤脱水 24 h 甚至更长时间,直至枝条完全干透。

④从烘箱中取出枝条,冷却至室温,放置于天平上,此时天平读数为枝条干重。

2)植物枝密度测定

(1)方法原理。利用阿基米德原理测量枝条的入水重,再通过公式进行转换。

(2)实习工具。密度天平(精度为 0.001 g)、枝剪、小刀。

(3)实习步骤。

①开始测量前,需按照使用说明书对天平进行调平和校准,并且在玻璃缸中加入足量纯净水(默认密度为 1 g/cm^3)。

②选择干净整洁、无病虫害、通直的植物枝条(通常直径为 5 ~15 mm),截取其中约2 cm,用小刀轻刮去表皮,不可用力,以防刮去木质部。

③将枝条放置在样品盘中,记录此时的读数 m_1,即为枝条鲜重。

④再将枝条放入水中,若枝条下沉,则放置在吊篮上,此时读数为正;若枝条上浮,则放置在吊篮下,使吊篮抵住枝条不上浮于水面,此时读数为负,记录此时的读数 m_2。

⑤计算结果。计算公式如下:

$$\rho=m_1/(m_2-m_1)$$

式中,ρ 为枝条密度;m_1 为枝条鲜重;m_2 为枝条入水重。

植物枝性状测定相关数据记录至表 A-6(见附录)。

4.植物养分性状测定

植物养分性状的测定是生态学研究中的重要环节。通过对植物养分性状的准确评估,我们可以了解植物对土壤中各种养分的吸收和利用情况，从而为促进生态系统的健康和稳定提供科学依据。

植物养分性状测定相关数据记录至表 A-7(见附录)。

1)植物全氮测定

(1)材料准备。

①试剂：浓硫酸若干、300 g/L 双氧水若干、100 g/L 酒石酸钠溶液 200 mL、奈氏试剂 250 mL、氯化铵 38.17 g、KOH 溶液(100 g/L)若干。

②主要仪器：凯氏瓶(100 mL)、控温消化炉、721 分光光度仪。

(2)试剂配制。

①奈氏试剂：溶解 HgI_2 245.0 g 和 KI 35.0 g 于少量水中，将此溶液洗入 1000 mL 容量瓶，加入 KOH 112 g，加水至 800 mL，摇匀，冷却后定容。放置数日后，过滤或将上清液虹吸入棕色瓶中备用。

②$N(NH_4^+-N)$标准溶液(100 μg/mL)：称取烘干 NH_4Cl(分析纯)0.3817 g 溶于水中，定容为 1000 mL，此为 100 μg/mL 的 $N(NH_4^+-N)$贮备液。用时吸上述溶液 50 mL，稀释至 500 mL，即为 10 μg/mL $N(NH_4^+-N)$工作液。

(3)操作步骤。首先，选取经过磨细并烘干的植物样品(经过 0.25～0.5 mm 筛网筛选)，称取 0.1000～0.2000 g，然后将其置于一个容量为 100 mL 的凯氏瓶或消化管中。样品先用少量水润湿，随后加入 5 mL 的浓硫酸，并轻轻摇动，以确保样品与硫酸充分混合。为了优化消解效果，建议将样品放置过夜。其次，在消化炉上，使用低温对样品进行初步加热。当观察到浓硫酸开始分解并冒白烟时，逐步升高温度。当溶液完全转变为棕黑色时，意味着大部分有机物已被消解。此时，从消化炉上取下凯氏瓶，待其稍微冷却后，逐滴加入 10 滴 300 g/L 的双氧水，同时摇动凯氏瓶，以确保双氧水与溶液充分混合，促进反应的进行。继续加热至微沸状态，维持 10～20 min。待溶液稍冷后，再次加入 5～10 滴双氧水，并重复加热至微沸的步骤。这个过程需要反复进行 2～3 次，直至消煮液变得无色或清亮。最后，为了除尽过剩的双氧水，再加热 5～10 min。将凯氏瓶从消化炉上取下并冷却。同时，用少量水冲洗小漏斗，并将洗液倒入凯氏瓶中。然后，用水将消煮液定容至 100 mL。为了进行元素测定，可以取过滤液或直接使用放置澄清后的上清液。需要注意的是，在消煮过程中，应同时进行空白试验，以校正可能由试剂引入的误差。

从上述制备的消煮液中取出 1～5 mL 的待测液，将其转移至一个 50 mL 的容量瓶中。接着，向容量瓶中加入 2 mL 的 100 g/L 酒石酸钠溶液，并充分摇动，以确保溶液混合均匀。为了中和溶液中的酸，需要加入适量的 100 g/L KOH 溶液。为了确定 KOH 的准确加入量，可以先取一份与待测液相同的溶液，并使用酚酞作为指示剂，通过滴定法来测定中和这份溶液所需的 KOH 的体积。根据这个滴定结果，向容量瓶中加入相应量的 KOH 溶液。之后，向容量瓶中加入水至 40 mL 刻度线，并再次充分摇动，以确保溶液混合均匀。接下来，向容量瓶中加入 2.5 mL 的奈氏试剂，这是一种常用的化学试剂，用于与待测元素形成有色络合物。最后，用水将溶液定容至 50 mL 刻度线，并充分摇动，使溶液混合均匀。等待约 30 min 后，使用分光光度计在 420 nm 的波长下进行比色测定。通过比较待测液与标准液或空白液在相同波长下的吸光度，可以计算出待测液中特定元素的含量。

(4)标准曲线制作。分别吸取 10 μg/mL N(NH_4^+-N)标准液 0 mL、2.50 mL、5.00 mL、7.50 mL、10.00 mL、12.50 mL 置于 6 个 50 mL 容量瓶中，采用上述操作步骤显色和测定。此标准系列浓度分别为 0 μg/mL、0.5 μg/mL、1.0 μg/mL、1.5 μg/mL、2.0 μg/mL、2.5 μg/mL N(NH_4^+-N)标准液，在 420 nm 波长处比色。以空白消煮液显色后，调节仪器零点。

(5)结果计算。计算公式如下：

$$\omega_N = \frac{C \cdot V \cdot t_s}{m \cdot 1000}$$

式中，C 为从标准曲线查得显色液 N(NH_4^+-N)的质量浓度，μg/mL；V 为显色液体积，mL；t_s 为分取倍数，即消煮液定容体积(mL)除以吸取消煮液体积(mL)；m 为干样品质量，g。

2)植物全磷测定

(1)试剂。浓硫酸若干、300 g/L 双氧水若干、100 g/L 酒石酸钠溶液 200 mL、奈氏试剂 250 mL、氯化铵 38.17 g、100 g/L KOH 溶液若干、1250 g$(NH_4)_6Mo_7O_{24} \cdot 4H_2O$、偏钒酸铵($NH_4VO_3$)62.5 g、12500 mL 浓 HNO_3、氢氧化钠 2400 g、2,6-二硝基酚 25 g、21.95 g KH_2PO_4。

(2)试剂配制。

①奈氏试剂：溶解 HgI_2 20 g 和 KI 35.0 g 于少量水中，将此溶液洗入 1000 mL 容量瓶，加入 KOH 112 g，加水至 800 mL，摇匀，冷却后定容。放置数日后，过滤或将上清液虹吸入棕色瓶中备用。

②N(NH_4^+-N)标准溶液(100 μg/mL)：称取烘干 NH_4Cl(分析纯)0.3817 g 溶于水中，定容为 1000 mL，此为 100 μg/mL N(NH_4^+-N)贮备液。用时吸上述溶液 50 mL，稀释至 500 mL，即为 10 μg/mL N(NH^{4+}-N)工作液。

③钒钼酸铵试剂：称$(NH_4)_6Mo_7O_{24} \cdot 4H_2O$ 12.5 g 溶于 200 mL 水中。另将偏钒酸铵(NH_4VO_3)0.625 g 溶于 150 mL 沸水中，冷却后，加入 125 mL 浓 HNO_3，再冷却至室温。将钼酸铵溶液缓慢地注入偏钒酸铵溶液中，不断搅拌，用水稀释至 500 mL。

④6 mol/L NaOH 溶液：称 24 g NaOH 溶于水，稀释至 100 mL。

⑤2,6-二硝基酚指示剂：2,6-二硝基酚 0.25 g 溶于 100 mL 水中。其变色范围是 pH 值为 2.4(无色)～4.0(黄色)。变色点是 pH 值为 3.1。

⑥P 标准溶液(50 μg/mL)：准确称取经 105 ℃烘干的 KH_2PO_4 0.2195 g，溶于水，移入 1000 mL 容量瓶，加水至约 400 mL，加浓硫酸 5 mL，用水定容。然后将其装入塑料瓶中，低温保存备用。

(3)主要仪器。消煮瓶(管)、控温消煮炉、分光光度仪。

(4)操作步骤。首先,称取0.1000～0.2000 g的磨细并烘干的植物样品(已通过0.25～0.5 mm筛网筛选),放入100 mL的凯氏瓶或消化管中。用水稍微湿润样品后,加入5 mL的浓硫酸,并轻轻摇动,使样品与硫酸充分混合。为了获得更好的消解效果,建议将样品放置过夜。其次,在消化炉上,使用低温对样品进行初步加热。随着浓硫酸的分解和冒白烟,逐渐提高加热温度。当观察到溶液完全变为棕黑色时,将凯氏瓶从消化炉上取下,让其稍微冷却。然后,逐滴加入10滴300 g/L的双氧水,并持续摇动凯氏瓶,以确保双氧水与溶液充分反应。继续加热溶液至微沸状态,维持10～20 min。待溶液稍冷后,再次加入5～10滴双氧水,并重复加热至微沸的步骤。这个过程需要反复进行2～3次,直到消煮液变得无色或清亮。最后,为了除尽过剩的双氧水,再次加热5～10 min。取出凯氏瓶并让其冷却。同时,用少量水冲洗小漏斗,并将洗液倒入凯氏瓶中。然后,将消煮液用水定容至100 mL,并取过滤液(或澄清后的上清液)用于后续的元素测定。在整个消煮过程中,应同时进行空白试验,以校正可能由试剂引入的误差。

为了测定磷(P)的含量,需从消煮好的待测液中吸取20～25 mL(含磷量为0.25～1.0 mg),放入50 mL的容量瓶中。加入2滴2,6-二硝基酚指示剂,并使用6 mol/L的氢氧化钠溶液中和至溶液刚好呈现黄色。接着,加入10.00 mL的钼酸铵试剂,并用水定容至50 mL。将溶液放置15 min后,使用分光光度计在450 nm的波长下进行比色测定。在测定前,使用空白液调节仪器的零点,以确保测量结果的准确性。

(5)标准曲线制作。分别吸取50 μg/mL P标准溶液0 mL、1.0 mL、2.5 mL、7.5 mL、10.0 mL、15.0 mL于50 mL容量瓶中,采用上述操作步骤显色和测定,该标准系列P的浓度分别为0 μg/mL、1.0 μg/mL、2.5 μg/mL、7.5 μg/mL、10.0 μg/mL、15.0 μg/mL。

(6)结果计算。计算公式如下:

$$\omega_{P} = \frac{C \cdot V \cdot t_s}{m \cdot 1000}$$

式中,C为从标准曲线查得显色液P的质量浓度,μg/mL;V为显色液体积,mL;t_s为分取倍数,即消煮液定容体积(mL)除以吸取消煮液体积(mL);m为干样品质量,g。

3)植物全钾测定

(1)试剂。浓硫酸若干、300 g/L双氧水若干、氯化钾19.07 g、氢氧化钠40 g。

(2)试剂的配制。

①100 g/mL K标准溶液:准确称取KCl(分析纯,110 ℃烘2 h)0.1907 g溶解于水中,在容量瓶中定容至1 L,贮于塑料瓶中。

②含钾ρ(K)分别为2 μg/mL、5 μg/mL、10 μg/mL、20 μg/mL、40 μg/mL、60 μg/mL系列标准溶液:吸取100 μg/mL K标准溶液2 mL、5 mL、10 mL、20 mL、40 mL、60 mL,分别放入100 mL容量瓶中,加入与待测液中等量试剂成分,使标准溶液中离子成分与待测液相近,在配制标准系列溶液时,应各加NaOH 0.4 g和H_2SO_4(1∶3)溶液1 mL,用水定容至100 mL。

(3)操作步骤。称磨细烘干的植物样品(过 0.25～0.5 mm 筛)0.1000～0.2000 g,置于 100 mL 的凯氏瓶或消化管中,先用水湿润样品,然后加 5 mL 浓 H_2SO_4,轻轻摇匀(最好放置过夜)。接下来,在瓶口放一个弯颈漏斗,在消化炉上先低温缓缓加热,待浓硫酸分解冒白烟逐渐升高温度。当溶液全部呈棕黑色时,从消化炉上取下凯氏瓶,稍冷,逐滴加入 300 g/L 双氧水 10 滴,并不断摇动,以利于反应充分进行。再加热至微沸 10～20 min,稍冷后再加入双氧水 5～10 滴。如此反复 2～3 次,直至消煮液呈无色或清亮色后,再加热 5～10 min,以除尽过剩的双氧水。取出凯氏瓶冷却,用少量水冲洗小漏斗,洗液洗入瓶中。将消煮液用水定容至 100 mL,取过滤液(或放置澄清的上清液)供测。消煮时,应同时做空白试验,以校正试剂误差。吸取消煮好的待测过滤液 5 mL 置于 50 mL 容量瓶中,用水定容,用分光光度计测定 K 元素。

(4)标准曲线制作。将配制的钾标准系列溶液,以浓度最大的一个定到火焰光度计上检流计的满度(100),然后从稀到浓依序进行测定,记录检流计的读数。以检流计读数(μg/mL)为纵坐标,K 为横坐标,绘制标准曲线图。测定溶液中须加入与待测液中相同量的其他离子成分(即加空白消煮液 5 mL)。

(5)结果计算。计算公式如下:

$$\omega_{K} = \frac{C \cdot V \cdot t_s}{m \cdot 1000}$$

式中,C 为从标准曲线查得 K 的质量浓度,μg/mL;V 为测定液体积,mL;t_s 为分取倍数,即消煮液定容体积(mL)除以吸取消煮液体积(mL);m 为干样品质量,g。

4)植物全碳测定

(1)试剂。重铬酸钾 4980.9 g、$FeSO_4 \cdot 7H_2O$ 5670 g、邻菲罗啉 149 g、浓硫酸若干、去离子水若干。

(2)试剂的配制。

①0.2 mol/L 重铬酸钾标准溶液:将重铬酸钾在 130 ℃烘 2～3 h,准确称取烘干后的重铬酸钾 9.809 g 于 2000 mL 大烧杯中,加入少量水溶解,充分溶解后定量转移至 1000 mL 容量瓶中,加水定容至刻度,摇匀,于棕色试剂瓶中保存。

②0.4 mol/L 重铬酸钾-硫酸溶液:称取重铬酸钾 40.00 g 于 2000 mL 大烧杯中,加入 600～800 mL 去离子水充分溶解,然后缓缓加入浓硫酸,边加边搅拌,避免溶液温度剧烈升高,每加约 100 mL 后停留片刻再加,并采用冷却水进行冷却,直至加完。此溶液浓度为 $c(1/6K_2Cr_2O_7)=0.4$ mol/L。

③0.2 mol/L 硫酸亚铁标准溶液:称取 56.00 g 硫酸亚铁溶解于 600 mL 水中,加入 20 mL 浓硫酸搅拌均匀,定量转移至 1000 mL 容量瓶中,定容至刻度,使用前标定其浓度。

硫酸亚铁标准溶液标定:吸取 0.2 mol/L 重铬酸钾标准溶液 10.00 mL 放入 150 mL 三角瓶中,加入浓硫酸 3.00～5.00 mL,2 滴邻菲罗啉指示剂,以 0.2 mol/L 硫酸亚铁溶液滴定,根据硫酸亚铁溶液消耗体积计算出硫酸亚铁溶液的浓度。

④邻菲罗啉指示剂:称取邻菲罗啉 1.49 g 溶于含有 0.70 g $FeSO_4 \cdot 7H_2O$ 的 100 mL 水溶液中,待完全溶解后于棕色瓶中保存,以防变质。

(3)仪器和设备。消煮炉或电炉(1000 W,附调压变压器)、数显滴定仪、量程 0～25 mL 与 0～50 mL 或 25 mL 酸式滴定管、高速粉碎机、分析天平(感量 0.01 g 和 0.01 mg)、硬质试管(20 mm×25 mL)、150 mL 三角瓶。

(4)试样的制备。新鲜的植物样品于 105 ℃杀青 30 min,然后将样品于 55 ℃下烘干,用高速粉碎机粉碎,接着采用四分法,混合均匀后缩分,置于样品袋中待用。不含有大量水分的植物样品直接在 55 ℃下烘干,用高速粉碎机粉碎,接着采用四分法,混合均匀后缩分,置于样品袋中待用。

(5)分析步骤。称取 20.00～30.00 mg(精确到 0.01 mg)植物样品于 25 mL 硬质试管内,准确加入 10 mL 0.4 mol/L 重铬酸钾-硫酸溶液,加盖小漏斗,浸泡 24～48 h。样品液置于消煮炉内,于 245 ℃下煮沸 5 min。样品液冷却至室温后定量转移至 150 mL 三角瓶中,三角瓶液体总体积控制在 50～60 mL。加入 2 滴邻菲罗啉指示剂,用 0.2 mol/L 硫酸亚铁标准溶液滴定,滴定过程颜色由橙黄—蓝绿—棕红,终点时记录滴定体积。为了保证植物全碳氧化完全,如样品测定时滴定所用硫酸亚铁标准溶液体积小于空白标定时所耗硫酸亚铁标准溶液体积的 1/3 时,需减少称样量。植物样品全碳含量很高,一般在 40%左右,故称样量较少,且称样时一定要保证样品的均匀性。

(6)空白实验。在硬质试管内加入 20.00～30.00 mg 二氧化硅,加入 10 mL 0.4 mol/L 重铬酸钾-硫酸溶液,加盖小漏斗,按上述步骤进行操作测定,记录滴定体积。

(7)结果计算。计算公式如下:

$$X=\frac{(V_0-V)\times C\times 0.003}{m}\times 100\%$$

式中,X 为植物中全碳含量(以干基计),%;V_0 为空白标定所消耗硫酸亚铁标准溶液体积,mL;V 为试样测定所消耗硫酸亚铁标准溶液体积,mL;C 为硫酸亚铁标准溶液浓度,mol/L;m 为称取烘干试样的质量,g;0.003 为 1/4 碳原子的毫摩尔质量,g。注意,平行测定结果用算术平均值表示,结果保留三位有效数字。

1.5 实习内容五:植物光合作用测定

1.5.1 概述

植物光合作用的测定是评估植物对光能的利用效率和光合作用速率的关键过程。通过测量植物的光合速率、叶绿素含量、气孔导度等指标,可以全面了解植物的光合作用能力,为植物的生长管理和优化种植提供科学依据。

1.5.2 光合速率测定

1.原理

通过测量植物在不同光照强度或光周期下产生的氧气量或二氧化碳的消耗量来评估光合速率。这可以通过气体交换测定系统(例如光合作用测定仪)来实现。

2.材料、仪器设备及试剂

(1)工具。剪刀,分析天平,称量容器(或铝箱),烤箱,刀片,金属(也可提供有机玻璃)模板(或打孔器),纱布,热水瓶或其他便携式加热设备,夹具,盖瓷盘等。

(2)试剂。三氯乙酸,石蜡。

3.实习步骤

(1)选择测试样品。实验可以在晴天的早晨8点至9点开始,并选择有代表性的叶子10片(例如叶子在植物上的位置、年龄、光照条件等)。预先在字段中选择,并列出编号。

(2)叶基处理。对于双子叶植物,例如棉花,可以用刀片将叶柄的外皮切成约0.5 cm的长度,以剪掉韧皮部便于运输。对于单子叶植物,例如小麦和水稻,使用刚浸在沸水中的纱布将叶子的基部烫伤约20 s,以破坏韧皮部;也可以在110～120 ℃下用石蜡加热。

5%～10%三氯乙酸的化学环割可以杀死筛管的活细胞。为了防止熨烫或切环后的叶子下垂并影响叶子的自然生长角度,可以将它们用锡箔纸、橡胶管或塑料管包裹,以使叶子保持原始的植入角度。

(3)切割样品。叶基加工完成后,可以对样品进行切割。记录时间通常是按数字的顺序切掉一半对称的叶子(不修剪中肋),然后按数字的顺序将叶子夹在湿纱布中。将叶子放在黑暗中。4～5 h后(对于光线良好且叶子较大的样品,可以缩短处理时间),依次切下另一半叶子,然后根据数量将其放在湿纱布中。两次切叶的顺序和花费的时间应尽可能一致,以使叶经历相同小时的光照。

(4)称量比较。使用适当大小的模板和单面刀片(或打孔器)在叶子的每一半的中间切开(打孔)相同大小的叶子区域,并将明暗处理过的叶块分成两份放在称量盘(或铝盒)中(如有必要,放入20个称重盘中,即将每个样品放入称重盘中),在80～90 ℃烘烤至恒重(约5 h),分析分析天平上的称量(或单独称量)数据,填写测量数据。

(5)计算结果。计算公式如下:

光合速率($mg \cdot dm^{-2} \cdot h^{-1}$)=(明暗)叶片干重增量(mg)/叶面积($dm^2$)×光合时间(h)

由于叶片中的光合作用产物主要是碳水化合物,例如蔗糖和淀粉,每1 mol的二氧化碳可形成1 mol的(CH_2O),因此干物质重量乘以系数1.47[$w(CO_2)/w(CH_2O)$],得到CO_2同化量,即将光合速率的单位换算为$mg(CO_2) \cdot dm^{-2} \cdot h^{-1}$。

1.5.3　叶绿素含量测定

1.原理

根据叶绿体色素提取液对可见光谱的吸收，利用分光光度计在某一特定波长测定其吸光度，即可用公式计算出提取液中各色素的含量。根据朗伯-比尔定律，某有色溶液的吸光度 A 与其中溶质浓度 C 和液层厚度 L 成正比，即

$$A = \alpha CL$$

式中，α 为比例常数。

当溶液浓度以百分浓度为单位，液层厚度为 1 cm 时，α 为该物质的吸光系数。各种有色物质溶液在不同波长下的吸光系数可通过测定已知浓度的纯物质在不同波长下的吸光度而求得。如果溶液中有数种吸光物质，则此混合液在某一波长下的总吸光度等于各组分在相应波长下吸光度的总和。欲测定叶绿体色素混合提取液中叶绿素 a、b 和类胡萝卜素的含量，只需测定该提取液在 3 个特定波长下的吸光度 A，并根据叶绿素 a、b 及类胡萝卜素在该波长下的吸光系数，即可求出其浓度。在测定叶绿素 a、b 时，为了排除类胡萝卜素的干扰，所用单色光的波长选择叶绿素在红光区的最大吸收峰。

2.材料、仪器设备及试剂

(1)材料。新鲜(或烘干)的植物叶片。

(2)仪器设备。分光光度计；电子天平(感量 0.01 g)；研钵；棕色容量瓶；小漏斗；定量滤纸；吸水纸；擦镜纸；滴管。

(3)试剂。95%乙醇(或 80%丙酮)；石英砂；碳酸钙粉。

3.实习步骤

(1)取新鲜植物叶片(或其他绿色组织)或干材料，擦净组织表面污物，剪碎(去掉中脉)，混匀。

(2)称取剪碎的新鲜样品 0.2 g，共 3 份，分别放入研钵中，加少量石英砂和碳酸钙粉及 95%乙醇 2～3 mL，研成匀浆，再加乙醇 10 mL，继续研磨至组织变白。静置 3～5 min。

(3)取滤纸 1 张，置于漏斗中，用乙醇湿润，沿玻棒把提取液倒入漏斗中，过滤到 25 mL 棕色容量瓶中，用少量乙醇冲洗研钵、研棒及残渣数次，最后连同残渣一起倒入漏斗中。

(4)用滴管吸取乙醇，将滤纸上的叶绿体色素全部洗入容量瓶中，直至滤纸和残渣中无绿色为止。最后用乙醇定容至 25 mL，摇匀。

(5)把叶绿体色素提取液倒入光径 1 cm 的比色杯内。以 95%乙醇为空白，在波长 665 nm、649 nm 下测定吸光度。

4.实验结果计算

将测定得到的吸光值代入下面的式子：

$$C_a = 13.95A_{665} - 6.88A_{649}$$

$$C_b = 24.96A_{649} - 7.32A_{665}$$

据此可得到叶绿素 a 和叶绿素 b 的浓度(C_a、C_b,mg/L),二者之和为总叶绿素的浓度。最后,根据下式可进一步求出植物组织中叶绿素的含量:

叶绿素的含量(mg/g)=(叶绿素的浓度×提取液体积×稀释倍数)/样品鲜重(或干重)

5.**结果分析**

在对比不同植物部位的光合速率时,可能会发现叶片的光合速率高于茎和根。这可能是因为叶片是植物进行光合作用的主要器官,含有较高的叶绿素含量和相关的酶类,能够更有效地吸收和利用光能。一般来说,随着植物的生长,叶绿素含量和光合速率都会呈现先上升后下降的趋势。在植物生长的初期,随着叶片的展开和叶绿体的增多,光合速率和叶绿素含量逐渐增加,以支持植物的生长和发育。当植物进入衰老阶段时,由于叶绿体的降解和光合能力的下降,光合速率和叶绿素含量会逐渐降低。除了揭示植物的生长状态,这种对比分析还能帮助我们理解植物对环境变化的响应和适应。例如,在逆境条件下(如高温、干旱、盐碱等),植物的叶绿素含量和光合速率可能会受到影响。通过对比分析,可以了解逆境条件对植物光合作用的具体影响,从而评估植物的抗逆能力和适应性。

1.6 实习内容六:植物组织水势测定

1.6.1 概述

植物组织水势测定是评估植物水分状况的重要方法之一。水势是指植物组织中水分的化学势,它受到植物细胞内外水分势、渗透势、压力势等因素的综合影响。水势的测定可以帮助研究者了解植物对水分的吸收、运输和调节能力,以及植物在干旱、盐碱等胁迫条件下的应对机制(柏新富 等,2012)。

1.6.2 压力平衡法(压力室法)

1.**原理**

植物叶片在进行蒸腾作用时,会不断释放水分到周围环境中,这会产生一种被称为蒸腾拉力的力量。这种拉力使得导管中的水分子由于内聚力作用而保持连续的形态,形成稳定的水柱。对于正在蒸腾的植物来说,其导管中的水柱在蒸腾拉力的作用下,会受到一种张力或负压,这种力量确保了水分能够连贯地向上运输。

然而,当叶片或枝条被切断时,原本存在于木质部中的液流会因为张力的消失而迅速退回到木质部内部。为了研究这一现象,科学家们采用了一个名为压力室钢筒的装置。他们将叶片放入这个钢筒中,叶柄的切口朝外,然后逐渐增加压力。当压力增加到一定程度,导管中的

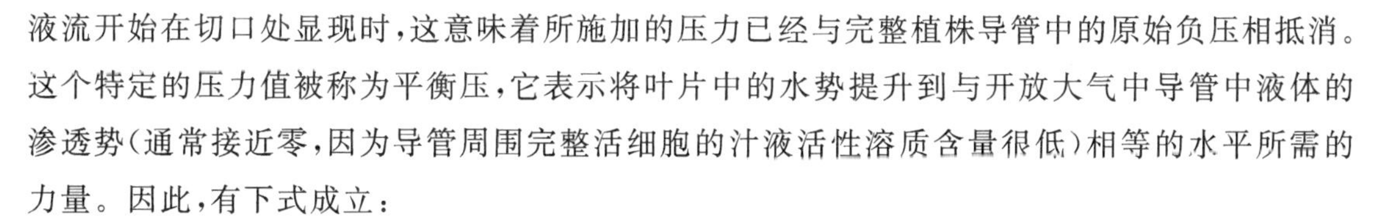

液流开始在切口处显现时，这意味着所施加的压力已经与完整植株导管中的原始负压相抵消。这个特定的压力值被称为平衡压，它表示将叶片中的水势提升到与开放大气中导管中液体的渗透势（通常接近零，因为导管周围完整活细胞的汁液活性溶质含量很低）相等的水平所需的力量。因此，有下式成立：

$$P + \varphi_W = \varphi_S \approx 0$$

$$\varphi_W = -P$$

式中，P 为平衡压（正值）；φ_W 为叶片或枝条的水势（负值）；φ_S 为木质部汁液的渗透势。

2. **仪器与用具**

压力室 1 台；充满压缩氮气（氮气含量 95%左右）的钢瓶 1 个；剪刀 1 把；双面刀片；放大镜；塑料袋；纱布。

3. **方法步骤**

下面以美国土壤水分仪器公司生产的 3005 型压力室为例，介绍使用方法。

(1)器材准备。将压力室的高压软管末端与钢瓶的出气口对接。压力室主控阀旋转到“关闭”位置。顺时针方向旋紧计量阀。取下压力室的压帽，逆时针旋转压帽上的固定样品的螺栓，将压帽竖放在样品处理板的凹槽内。打开高压气瓶的气封阀。

在钢筒内侧粘贴一层湿滤纸，以减少水分蒸发导致的水势降低。选取一定叶位的叶片（或小枝条），从叶柄处切断，切口要平（若室外取样，可将叶片放入塑料袋中，在塑料袋中放一块潮湿纱布，迅速带回）。将叶片迅速装入夹样器的中央孔中，切口露出势圈 3～5 mm，旋紧螺旋环套。将夹样器迅速放入钢筒内，顺时针方向旋转锁定夹样器。

(2)旋转调压三通阀到“加压”位置，打开调压阀，以每秒 30～50 kPa 的速度加压。左手持放大镜从侧面仔细观察样品切口的变化，当切口出现水膜时，迅速关闭调压三通阀，记录压力表读数，此即平衡压。

(3)旋转三通阀排气，使压力读数降低 0.1～0.2 MPa，再重新测定平衡压。用两次结果的平均值表示样品水势值。

(4)把调压三通阀旋转至“排气”位置，放气，压力表指针退回零。将夹样器逆时针方向旋转，取出夹样器，再进行第二个样品的测定。

1.6.3　小液流法

1. **原理**

水势代表了单位摩尔体积水的化学势，即其自由能状态，这是衡量植物体内水分能量状况的基本单位。由于直接测量水势的绝对值存在困难，通常以在相同温度和大气压下的纯水的水势作为参考点，即零点，然后比较其他溶液与纯水的水势差异，从而得到相对水势。植物组织的水势对于其与外界环境之间的水分交换起着决定性作用。当植物组织的水势低于外界溶液的渗透势（也称为溶质势，即溶液的水势）时，植物组织会吸水，导致外界溶液的浓度增加，比重也随之上升；相反，如果植物组织的水势高于外界溶液的渗透势时，植物组织会失水，使得外界溶液的浓度降低，比重降低。当两者水势相等时，植物组织与外界环境之间的水分交换会达到一个动态平衡状态，外界溶液的浓度和比重将保持不变。

2. **材料、仪器设备**

(1)材料。小白菜或其他作物叶片。

(2)仪器设备。带塞青霉素小瓶 12 个，带针头的注射器，镊子，打孔器，记号笔，培养皿。

3. **试剂**

(1)蔗糖系列标准溶液。称取预先在 60～80 ℃下烘干的蔗糖 34.2 g，溶于 70 mL 蒸馏水中，容量瓶定容至 100 mL，得到 1 mol/L 标准蔗糖溶液。然后，将 1 mol/L 标准蔗糖溶液分别稀释成为 0.10 mol/L、0.20 mol/L、0.30 mol/L、0.40 mol/L、0.50 mol/L、0.60 mol/L 蔗糖溶液。

(2)亚甲蓝粉末。

4. **实验步骤**

(1)取干燥洁净的青霉素瓶 6 个为甲组，各瓶中分别加入 0.10～0.60 mol/L 蔗糖溶液 4 mL(约为青霉素小瓶的 2/3 处)，另取 6 个干燥洁净的青霉素瓶为乙组，各瓶中分别加入 0.10～0.60 mol/L 蔗糖溶液 4 mL 和微量亚甲蓝粉末着色。上述各瓶用记号笔注明浓度。

(2)取待测样品的功能叶数片，用打孔器打取小圆片约 50 片，放至培养皿中，混合均匀。用镊子分别夹入 5～8 个小圆片到盛有不同浓度的亚甲蓝蔗糖溶液的青霉素瓶中(乙组)。盖上瓶塞，并使叶圆片全部浸没于溶液中。放置约 40 min，为加速水分平衡，应经常摇动小瓶。

(3)经过一定时间后，用注射器针头吸取乙组各瓶蓝色溶液少许，将针头插入对应浓度甲组青霉素瓶溶液中部，小心地放出少量溶液，观察蓝色溶液的升降方向(每次测定均要用待测浓度的亚甲蓝蔗糖溶液清洗注射针头几次)。

采用上述方法，检查各瓶中液流的升降动向。若溶液上升，说明浸过小圆片的蔗糖溶液浓度变小(即植物组织失水)，表明叶片组织的水势高于该浓度溶液的渗透势；如果蓝色溶液下降，则说明叶片组织的水势低于该浓度的渗透势；若蓝色溶液静止不动，则说明叶片组织的水势等于该浓度溶液的渗透势；如果在前一浓度溶液中下降，而在后一浓度溶液中上升，则叶片组织的水势即为两种浓度溶液的渗透势的平均值。

5. **计算结果**

根据下列公式计算叶片组织的水势：

$$\varphi_w = \varphi_\pi = -CRTi$$

式中，φ_w 为植物组织的水势(MPa)；φ_π 为溶液的渗透势(MPa)；C 为溶液浓度，mol/L；R 为气体常数，0.008314 L · MPa/(mol · K)；T 为绝对温度，K；i 为解离系数(蔗糖为 1，$CaCl_2$ 为 2.60)。

6. **结果分析**

水势值是衡量组织或细胞中水分状态的一个重要参数。在生物学和生态学领域，水势的概念被广泛应用来描述植物、动物和微生物体内水分的动态平衡。水势不仅影响生物体的生理功能，还与生物体在自然环境中的生存和适应性密切相关。

当水势值的绝对值较大时，意味着组织中的水分含量较低，水势较低。这种情况下，组织往往处于干燥或脱水状态，水分是从水势高的地方向水势低的地方流动。例如，在干旱环境中，植物细胞的水势较低，这促使它们从土壤中吸收更多的水分以维持生命活动。此外，某些微生物和动物在干燥条件下也能通过降低水势来适应环境，保持体内水分平衡。

相反，当水势值接近于零时，表示组织中的水分含量较高，水势较高。在这种状态下，组织通常较为湿润，水分流动的方向相对复杂。高水势的组织往往具有较好的保水能力，能够抵御干旱等环境压力。例如，水生植物和海洋生物通常具有较高的水势，以适应其所在环境的水分充足状态。

水势的绝对值大小不仅受到组织本身特性的影响，还与外部环境条件密切相关。温度、湿度、光照等环境因素都会影响组织的水势值。因此，在研究生物体的水分状态时，需要综合考虑多种因素，以全面了解水势在组织中的动态变化及其对生物体生理功能的影响。

将水势值与其他生理指标进行对比分析，有助于我们更全面地理解植物在不同环境下的生理响应和适应机制。叶片水分含量作为植物体内水分状况的直接反映，与水势值密切相关。当植物遭受干旱或其他环境压力时，叶片水分含量往往会降低，同时水势值也会相应下降。这种变化能够反映植物在水分胁迫下的生理状况和应对策略。

第2章 种群生态学

2.1 实习内容七:木本植物种群结构与数量动态特征

2.1.1 概述

种群数量动态特征是种群生态学研究的核心,属自然种群的基本特征,即每单位面积(或空间)上的个体数量(密度)是变动的(牛翠娟 等,2015),包括种群密度、年龄结构、出生和死亡率、迁移率等,是植物种群的生物学特征对环境长期适应和选择的结果(雷颖 等,2022)。种群结构与数量动态特征调查对于理解和预测物种的生态行为和演化趋势至关重要(金慧 等,2017),且可反映出生态系统的脆弱性与稳定性,尤其是在喀斯特这类特殊地貌下开展种群结构与数量动态特征调查,将有助于对特殊生态系统结构和功能的理解。

2.1.2 实习工具

(1)RTK。样地建设中,用于样地点的定位及坡度、海拔等指标的获取。

(2)尼龙绳。对样地的圈划,便于随后的植物调查。

(3)胸径尺。测量立木胸径。

(4)钢卷尺。在进行立木坐标定位时,可使用钢卷尺来确定立木间的相对位置。

(5)游标卡尺。当立木胸径过小时,可利用游标卡尺来测量立木精确胸径。

(6)布鲁莱斯测高器。用于对样地立木树高的测定。

2.1.3 数据获取

1.样地设置

(1)林分标准地地段的选择。采用典型抽样法,以广泛野外调查为基础,依据《全国生态状况调查评估技术规范——森林生态系统野外观测》(HJ 1167—2021)建立样地。在地形相对一致、内部相对均质化、坡位相对一致、海拔相近的地点选取典型地段。依据调查目的与需求,确定林分类型,并基于优势树种挑选代表性区域。在森林类型的典型区域内选择标准地时,应尽可能避免林缘地带。为了避免空间自相关和群落交错区对研究结果的影响,样地之间应保持至少 50 m 的距离。

(2)林分标准地的设置：样地建设参照 *Tropical forest census plots: methods and results from barro Colorado island, Panama and a comparison with other plots* 的方法(Condit,1998)和《森林生态系统长期定位观测方法》(GB/T 33027—2016)的标准执行。原始林样地的面积一般不低于 900 m^2,且形状为正方形(30 m×30 m),在较为陡峭的坡体,样地面积以投影面积为准。如图 2-1 所示,利用 RTK(实时动态差分定位)技术对样地进行定位,以垂直等高线为样方 *Y* 轴,平行等高线为 *X* 轴设置样地,将 30 m×30 m 的样地划分为 9 个 10 m×10 m 的小样方,同时使用尼龙线对样地进行圈划,便于进行植物调查。

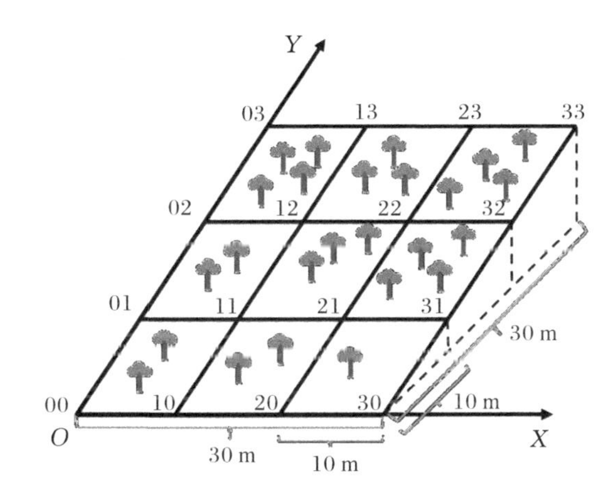

图 2-1　样方及坐标确定示意图

根据 RTK 打点数据记录坡度、海拔及经纬度等指标。记录该森林类型的名称,按调查顺序为样地编号,并将土壤类型等内容记入表 B-1(见附录)。

2. **植物种群调查**

对样地内所有胸径(DBH)达到或超过 1 cm 的木本植物进行每木检尺,如果研究重点为特定种群(例如极小种群),则可以仅在样地内对该特定种群进行详细调查。在树木高度 1.3 m 处,使用胸径尺对树木胸径进行测量,对于胸径较小但符合调查标准的木本植物,则采用游标卡尺进行测量,以提升数据的准确性。以样地西南角作为坐标原点(0,0),利用钢卷尺来确定每棵树在样地内的坐标以及相对样方的位置。挑选几株目标树,使用布鲁莱斯测高器来测量其高度,并以此为基础估算其他树木的高度。记录每棵树的种名、胸径、树高、冠幅、坐标、生长特征(如萌生、分叉)以及生长状态(优、良、差)等信息,并将这些数据填写至表 B-2(见附录)。

2.1.4　数据处理

1. **龄级结构划分**

林业上,常常使用生长锥钻取树芯而获取树木实际年龄,但在喀斯特地区等极端生境下,稀有种较多，钻取树芯常会增加树木死亡风险，在不破坏树木的情况下很难获取种群具体树龄。种群的径级与龄级虽有所不同，但同一种群的龄级与径级对相同环境的反应规律具有一致性（王飞 等，2022），因此目前常采用“空间推时间”的方法，即用径级代替龄级。对于径级的划分，目前尚未拥有普适性标准，主要依研究对象的具体情况来确定，如在一些人的研究中，将喀斯特次生林优势种群的龄级划分为：Ⅰ龄级（DBH＜1 cm），Ⅱ龄级（1 cm≤DBH＜3 cm），Ⅲ龄级（3 cm≤DBH＜5 cm），Ⅳ龄级（5 cm≤DBH＜7 cm），Ⅴ龄级（7 cm≤DBH＜9 cm），Ⅵ龄级（9 cm≤DBH＜11 cm），Ⅶ龄级（DBH≥11 cm）（韦红艳 等，2023）。

龄级结构图是用于展示种群中各个年龄组的个体数量或比例的图表，可以评估种群的健康状况、生长趋势和年龄分布。分析龄级结构图可了解种群的年龄分布特征，如是否为增长型、稳定型或衰退型种群，以及种群的生殖率和存活率。

如图 2－2 所示，Ⅰ龄级个体数量较多，占到 50%，而Ⅶ龄级个体数量最少，仅为种群个体数的 1%。从总体来看，该种群属金字塔形，即种群幼年植株多，老年植株少，种群出生率大于死亡率，属于增长型群落。

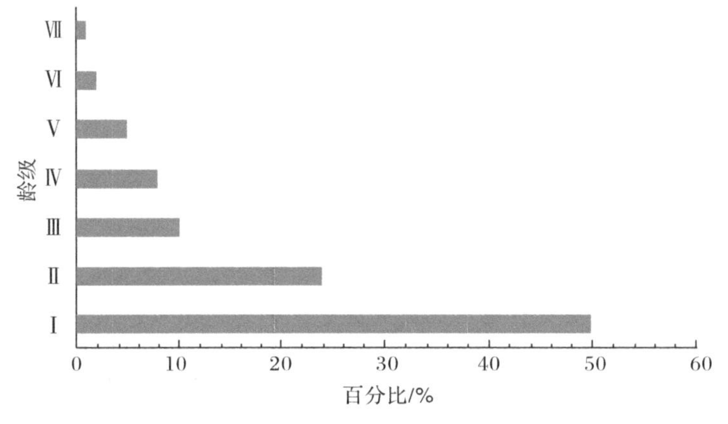

图 2－2　种群龄级结构示例图

2. **种群数量变化动态指数**

目前，评价种群龄级结构数量动态常需计算种群内连续两个龄级之间的植株存活数量动态变化指数（V_n），并要结合种群整体年龄结构的数量变化动态指数 V_{pi} 及其受到外界环境随机干扰时的修正动态变化指数 V'_{pi}（陈晓德，1998）。相关计算公式如下：

$$V_n = \frac{S_n - S_{n+1}}{\max(S_n, S_{n+1})} \times 100\%$$

$$V_{pi} = \frac{\sum_{n=1}^{k-1}(S_n V_n)}{\sum_{n=1}^{k-1} S_n}$$

$$V'_{pi}=\frac{\sum_{n=1}^{k-1}(S_n)}{\min(S_1,S_2,S_3,\cdots,S_k)\sum_{n=1}^{k-1}(S_nV_n)}$$

$$\text{随机干扰风险最大值 } P_{\max}=\frac{1}{k\times\min(S_1,S_2,S_3,\cdots,S_k)}$$

式中，S_n、S_{n+1}分别为种群第 n 与第 $n+1$ 龄级植株个体数；$\max(S_n,S_{n+1})$为种群第 n 与第$n+1$ 龄级植株个体数最大值；$\min(S_1,S_2,S_3,\cdots,S_k)$为括号中种群相应龄级的植株个体数最小值；$k$ 为龄级数量。当 $V_n<0$ 时，种群相邻龄级间个体数量表现为衰退型；当 $V_n=0$ 时，种群结构在该相邻龄级间表现为稳定型；当 $V_n>0$ 时，表示种群相邻龄级间个体数量表现为增长型。V_{pi}数值越小，表示种群进展趋势越显著，V'_{pi}数值越小，表示种群对随机干扰的抵抗能力越小，种群稳定性下降。

将计算结果记录至表 B-3(见附录)。

3. **静态生命表**

种群静态生命表是生态学中用于描述种群在一定时期内的出生率、死亡率、年龄结构及其他生命历程特征的一种表格，对于理解植物种群的生存、发展和演化具有重要意义。

制作种群静态生命表需要用到种群年龄结构、存活数量、死亡数量以及出生率，由龄级存活个体数 A_x、匀滑处理后存活个体数 a_x、标准化存活个体数 I_x、标准化存活个体数的自然对数 $\ln I_x$、标准化死亡个体数 d_x、死亡率 q_x、标准化平均存活个体数 L_x、标准化存活个体总数 T_x、个体生命期望值 e_x、消失率 K_x、存活率 S_x组成。计算公式如下：

$$I_x=\frac{A_x}{a_1}\times 100$$

$$d_x=I_x-I_{x+1}$$

$$q_x=d_x/I_x$$

$$L_x=(I_x+I_{x+1})/2$$

$$T_x=\sum L_x$$

$$e_x=T_x/I_x$$

$$K_x=\ln I_x-\ln I_{x+1}$$

$$S_x=I_{x+1}/I_x$$

其中，下标为龄级数。种群静态生命表见表 B-4(见附录)。

4. **存活曲线**

存活曲线是生态学中用来描述种群在不同年龄或发育阶段存活率的图表，通过记录种群不同龄级的个体数量来描述特定龄级的死亡率，有助于理解种群的存活状态和生命周期特征，对于生态学研究和植物保护具有重要意义。存活曲线以种群龄级为横轴，以标准化存活个体数或标准化存活个体数的自然对数为纵轴，见图 2-3。

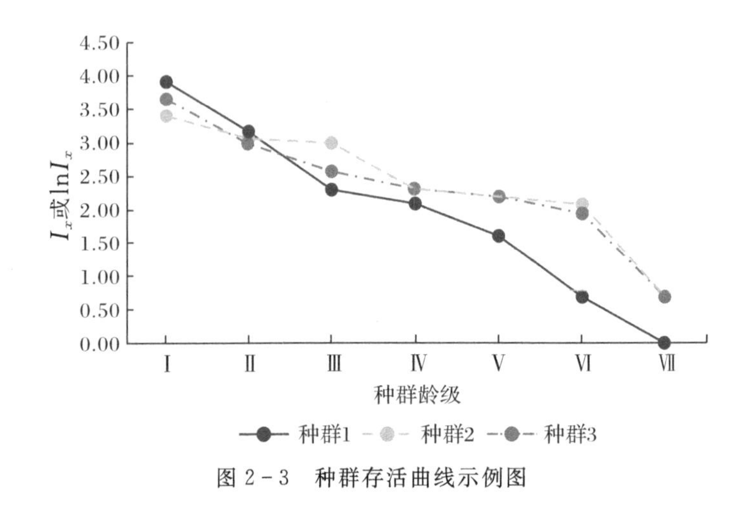

图 2－3　种群存活曲线示例图

如果研究目标是展示存活个体的绝对数量，那么选用标准化存活个体数更为合适；如果研究目标是解释存活率的相对变化，尤其是在不同龄级比较中，使用标准化存活个体数的自然对数可将不同年龄结构的种群数据标准化，更有助于分析。

存活曲线主要分为三种类型：凸形曲线，表示早期高存活率，随着年龄的增长逐渐下降；直线形曲线，表示恒定的死亡率，存活率随时间均匀下降；凹形曲线，表示早期死亡率高，随着年龄的增长存活率逐渐稳定。曲线斜率大小反映了存活率下降的速度，斜率越大，死亡率越高；斜率越小，死亡率越低。

2.2　实习内容八：种群空间分布格局观测与分析

2.2.1　概述

组成种群的个体在其生活空间中的位置状态或分布格局称为种群空间分布格局或内分布型。种群空间分布格局是种群的基本特征之一，能反映种内、种间关系，体现种群对环境的适应性，其动态过程可用以解释种群的行为、扩散、迁移等方面，同时也是种群与生态因子相互作用的反映。种群空间分布格局可划分为随机分布、均匀分布和聚集分布（见图 2－4）三种类型（杨持，2014）。

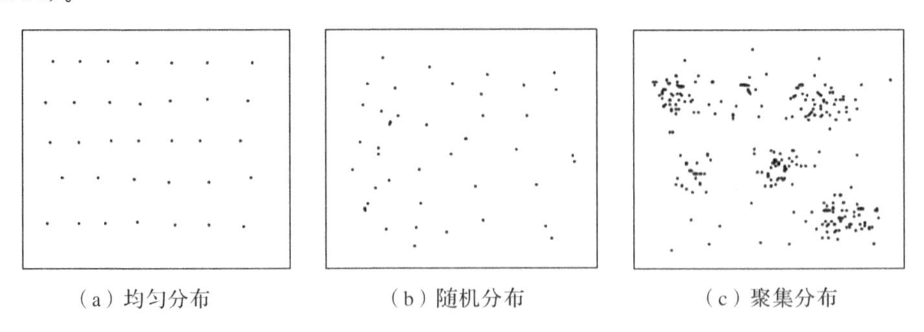

（a）均匀分布　（b）随机分布　（c）聚集分布

图 2－4　种群空间分布格局图

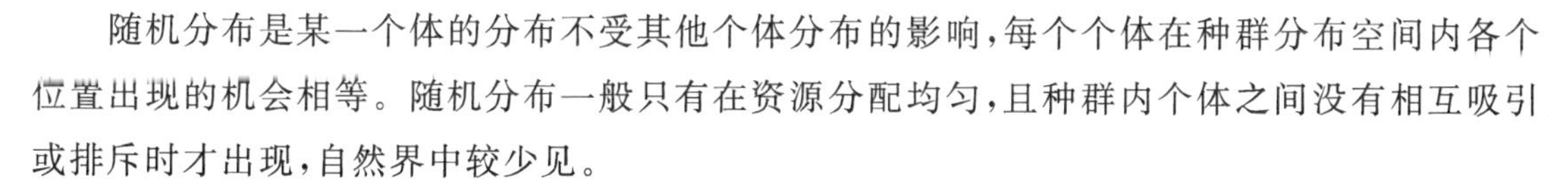

随机分布是某一个体的分布不受其他个体分布的影响，每个个体在种群分布空间内各个位置出现的机会相等。随机分布一般只有在资源分配均匀，且种群内个体之间没有相互吸引或排斥时才出现，自然界中较少见。

均匀分布是个体之间彼此保持一致的距离。均匀分布是在资源分配均匀的条件下且由种内竞争所引起的，自然界中也比较少见。

聚集分布的形成原因比较复杂，且在自然界中极为普遍。这种分布形成的原因包括：①环境资源的非均匀分布，导致资源的丰富与稀缺相互交错；②某些植物的种子传播机制使其围绕母株扩散；③动物的社群行为（杨持，2014）。

2.2.2 实习工具

参照实习内容七：木本植物种群结构与数量动态特征。

2.2.3 数据获取

1. 样地设置

参照实习内容七：木本植物种群结构与数量动态特征。

2. 植物种群调查

参照实习内容七：木本植物种群结构与数量动态特征。

2.2.4 数据处理

1. 重要值计算

重要值是为了量化群落中某个物种的地位和作用的综合计量指标，用于定量分析物种优势度或显著度。利用调查数据计算植物群落中各物种的相对密度、相对频度和相对显著度，则重要值计算公式如下：

$$重要值=\frac{相对密度+相对频度+相对显著度}{3}$$

式中，相对密度＝（某物种的密度/所有物种的总密度）×100%；相对频度＝（某物种的频度/所有物种的频度和）×100%；相对显著度＝（样方中某物种个体胸高断面积和/样方中所有植株胸高断面积和）×100%。

2. 种群空间分布格局参数

根据胸径大小对优势种群的年龄结构进行划分，并根据聚集强度指数来判断种群空间分布格局类型。注意，要对每个龄级单独进行空间分布格局的分析，并且对优势种群整体的空间分布格局也要进行分析。

(1)空间分布指数法(I)：

$$m = \frac{1}{n}\sum_{i=1}^{n} x_i$$

$$V = \sum_{i=1}^{n} (x_i - m)^2/(n-1)$$

$$I = \frac{V}{m}$$

(2)负二项参数(K)：$K=\frac{m^2}{V-m}$

(3)凯西(Cassie)指标(C_A)：$C_A=\frac{V-m}{V}$

(4)平均拥挤度(m')：$m' = \frac{\sum_{i=1}^{n} x_i^2}{N} - 1$

(5)聚块性指数(P_I)：$P_I=\frac{m'}{m}$

(6)丛生指标(C)：$C=\frac{V}{m}-1$

式中，m 代表均值；V 代表方差；n 代表样方数量；x_i代表第 i 个样方中的植物个体数；N 为总个体数。根据泊松(Poisson)分布的预期假设，当空间分布指数 $I=1$ 时，种群呈现随机分布；$I<1$，种群呈现聚集分布；$I>1$，种群呈现均匀分布。同时使用 t 检验法来检验种群分布格局与 Poisson 分布的偏离程度是否显著，若不显著，则依然认为种群是随机分布的。当负二项参数 $K<8$ 时，种群为聚集分布；当 $K>8$ 时，种群符合 Poisson 分布。K 值越小，种群聚集程度越强。当丛生指标 $C=0$ 时，种群为随机分布；$C>0$ 时，为聚集分布；$C<0$ 时，为均匀分布。当聚块性指数 $P_I=1$ 时，种群为随机分布；$P_I<1$ 时，为聚集分布；$P_I>1$ 时，为均匀分布。当 Cassie 指标 $C_A<0$ 时，种群为均匀分布；$C_A>0$ 时，为聚集分布；$C_A=0$ 时，为随机分布。

3. 种群空间点格局

种群空间点格局通常指的是种群个体在空间中的具体位置，与种群空间分布格局不同的是，它更关注的是个体间的空间关系和分布模式。点格局方法最初是由雷普利(Ripley)于1976 年提出，后经迪格尔(Diggle，1981)完善，并且在此基础上又演化了单变量和双变量成对相关函数。Ripley 的 $K(r)$ 函数用于分析以样方中任意点为圆心、r 为半径的圆内植物个体数量的分布情况。$g(r)$ 函数是由 $K(r)$ 函数推导而来的，用于评估聚集程度的单变量成对相关函数，其主要是对所有定位的成对个体之间的距离格局分析。相较于 $K(r)$ 函数，$g(r)$ 函数更侧重于小尺度上的空间分布特征，且可以消除潜在的累积效应。$g(r)$ 函数用于描述一个空间点过程(如植物种群)中点对(个体对)之间的空间关系。$g(r)$ 函数可以揭示在距离 r 处找到一个个体的条件下，另一个个体出现在距离 r 的概率，对应于在完全随机分布的情况下的概率。计算公式如下：

$$K(r)=\frac{A}{n^2}\sum_{i=1}^{n}\sum_{j}^{n}w_{ij}^{-1}I_r(u_{ij})$$

$$g(r)=(2\pi r)^{-1}\times\frac{\mathrm{d}K(r)}{\mathrm{d}r}$$

式中，r 代表尺度；A 代表样方的面积；n 代表个体的数量；u_{ij} 是两个点 i 和 j 之间的距离；$I_r(u_{ij})$ 是指示函数，当 $u_{ij}\leqslant r$ 时，$I_r(u_{ij})=1$，当 $u_{ij}>r$ 时，$I_r(u_{ij})=0$；w_{ij} 代表权重值，用于在分析中为不同的个体或观测赋予不同的重要性。

采用双变量成对相关函数 $g_{12}(r)$ 和标记相关函数 $K_{mm}(r)$，可用于研究种内、种间个体之间的空间关联性。$g_{12}(r)$ 函数的原理是比较两个不同类型的点在实际数据中出现的距离分布与在随机分布下的期望距离分布。其定义类似于单变量成对相关函数 $g(r)$，但是它考虑的是两个不同过程的点对。计算公式如下：

$$K_{12}(r)=\frac{A}{n_1n_2}\sum_{i=1}^{n_1}\sum_{j}^{n_2}w_{ij}^{-1}I_r(u_{ij})$$

$$g_{12}(r)=(2\pi r)^{-1}\times\frac{\mathrm{d}K_{12}(r)}{\mathrm{d}r}$$

式中，n_1 和 n_2 分别为不同变量或类型的个体数；$\mathrm{d}K_{12}(r)$ 是双变量 $K(r)$ 函数的微分。$K_{mm}(r)$ 函数作为标记相关函数，在空间点格局分析中，用于分析两个标记之间的空间关联性，描述标记的空间分布格局，推断标记间的作用机制，解释标记分布的形成原因。$K_{mm}(r)$ 函数可将树木生长信息（胸径、树高或冠幅）和距离作为标记属性，并与单变量点格局分析相结合，可更准确地解释两个标记之间的空间关系。

$$K_{mm}(r)=\frac{E_{o,r}[m(o)m(r)]}{\mu^2}$$

式中，$m(o)$ 与 $m(r)$ 分别表示两个点的标记属性，是从标记的边际分布中独立抽取的随机标记；μ 代表标记的均值。在单变量分析中，$m(o)$ 与 $m(r)$ 可以是同一种群内两个林木个体的胸径、树高或冠幅等生长信息；而在双变量分析中，$m(o)$ 与 $m(r)$ 可以是不同种群中的标记。

为避免在分析空间格局时产生误判，采用异质 Poisson 过程作为零假设模型，这样可消除环境异质性所导致的树木密度分布不均匀对空间分布格局分析的影响，同时，结合蒙特卡洛（Monte Carlo）随机置换 199 次，以获得 99% 置信度的置信区间。当函数值高于上包迹线时，表示在该尺度上存在集群分布或空间正关联性；当函数值介于上、下包迹线之间时，为随机分布或空间无关联性；当函数值低于下包迹线时，为均匀分布或空间负关联性，如图 2-5 所示。点格局分析可使用 R 语言的“spatstat”包进行分析。

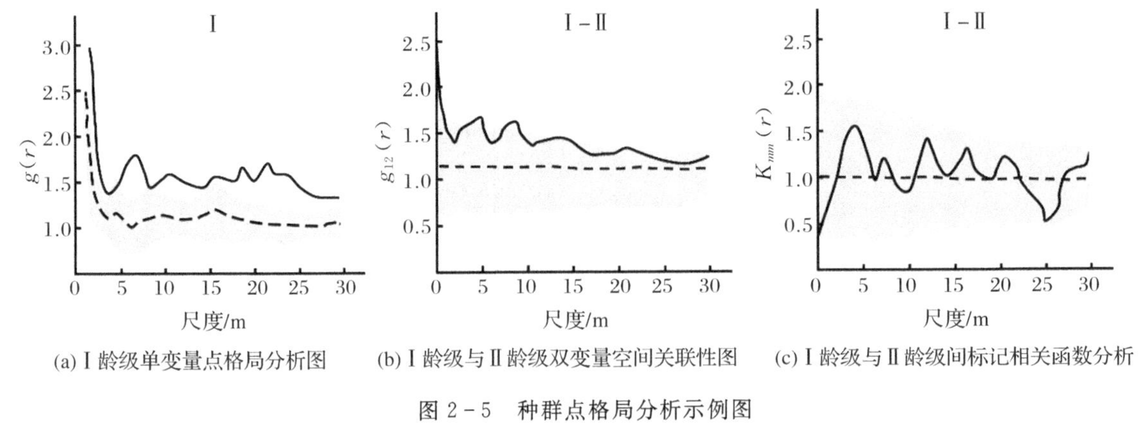

(a) Ⅰ龄级单变量点格局分析图 (b) Ⅰ龄级与Ⅱ龄级双变量空间关联性图 (c) Ⅰ龄级与Ⅱ龄级间标记相关函数分析

图 2-5 种群点格局分析示例图

注：黑色实线代表函数实测值；灰色区域代表 99%置信度的置信区间；黑色虚线代表零模型均值。

2.3 实习内容九：种群生活史对策分析

2.3.1 概述

生物从出生到死亡所经历的一系列发展过程被称为生活史或生活周期。生物的生活史由遗传因素所决定，其中一部分是固定的。然而，由于外界环境的影响，某些性状在一定条件下展现出可塑性，即能够在一定范围内发生变化(杨持，2014)。

对于植物而言，生态策略是指它们通过调整一个或多个性状来适应周围的环境压力。植物通常根据其生存环境发展而形成特定的生态策略(Pierce et al.，2017)。例如，生长在干旱环境中的植物可能会发展出小型针状、肉质的叶片来减少水分的消耗，并通过发展较长的根系来获取地下水源(蒋礼学 等，2008)。相反，在资源丰富的环境中，植物可能会长得更高大，增加叶片面积，以更有效地利用光能(王常顺 等，2015)。这些策略反映了植物对不同环境条件的适应性和生存策略的多样性。

格里姆根据植物生长的环境和受干扰程度提出了植物对策理论(Grime，1974)，即著名的 CSR 理论(Grime，1974)。C、S、R 分别代表竞争型(competitor)、胁迫忍耐型(stress-tolerator)和杂草型(ruderal)。这三种策略分别适应了不同的环境条件：C 策略适应于生产力高、干扰程度低的环境；S 策略适应于生产力低、干扰程度低的环境；R 策略适应于生产力低、干扰程度高的环境。具体而言，C 策略是指植物在相对稳定且资源丰富的栖息地中生存，它们将资源用于持续的植物生长，并迅速发展出较大的植物器官。这类植物的特点包括快速的生长速度、较长的生长期、较大的生物量、相对较短的叶片寿命和较少的资源投入种子生产，以确保能够快速获取光线等资源。采用 S 策略的植物将资源主要投入植物组织建设中，通过长寿命的植物器官来抵抗外界的侵害和胁迫。采用 S 策略的植物通常体型较小，可能会随着年数的增加而逐渐长大，但它们的生长速度慢，叶片寿命长，这有助于它们在资源贫瘠的环境中生存和繁衍。采用

R 策略的植物则将大量资源用于繁殖，当面临强烈干扰时，它们能够迅速完成生活史，快速繁殖新个体以抵御干扰。采用 R 策略的植物寿命短，生长速度快，种子生产投入大，它们通过快速繁殖来占据优势。

2.3.2 实习工具

参照实习内容七：木本植物种群结构与数量动态特征。

2.3.3 数据获取

1. 样地设置

参照实习内容七：木本植物种群结构与数量动态特征。

2. 植物种群调查

参照实习内容七：木本植物种群结构与数量动态特征。

3. 植物功能性状取样

先用高枝剪剪下树木枝条，选择枝上叶片生长状况良好、完全展开的完整成熟叶，用剪刀剪下叶片，随后对样本进行识别，将树枝分门别类装进自封袋中，并在自封袋上标注物种名及立木编号。在数量允许的情况下，每个物种尽量采集三个以上样本。

2.3.4 数据处理

1. 指标测定

将采集的植物样本带回实验室，对样本进行指标测定(包括叶片鲜重、干重、叶面积)。参照佩雷斯-阿尔甘德吉(Perez-Harguindeguy)最新的功能性状取样手册进行样方内植物功能性状取样，叶片面积利用扫描仪(LI-COR 3000C Area Meter，LI-COR Lincoln，USA)进行扫描，并用 R 3.3.2-LeafArea程序包与 Image J 软件进行计算获得，叶片鲜重使用精度为 0.01 g 的电子天秤(BSM-220.4，中国卓精)进行测定，将测量后的叶片装于纸质信封并置于烘箱中烘干(80 ℃，48 h)后测定其干重，并计算比叶面积与叶片干物质含量。计算公式如下：

$$\text{比叶面积}(\text{SLA}, \text{cm}^2/\text{g}) = \frac{\text{叶面积}}{\text{叶干重}}$$

$$\text{叶片干物质含量}(\text{LDMC}, \text{g}/\text{g}) = \frac{\text{叶干重}}{\text{叶鲜重}} \times 100\%$$

2. CSR 生态策略计算

基于格里姆的 CSR 理论方案，皮尔斯等人使用维管植物的叶面积(LA)、比叶面积(SLA)和叶片干物质含量(LDMC)的性状变异，创建了全球植物 CSR 策略计算工具“StrateFy”(Pierce et al.，2017)，以评估 CSR 策略。

通过 CSR 分析工具“StrateFy”，使用每个样地的调查个体的 LA、LDMC 和 SLA 性状的平均值，可对物种的 CSR 值进行分析。同样地，根据 LA、LDMC 和 SLA 的群落加权平均值(community-weighted mean，CWM)，使用“StrateFy”工具获得每个样地植物群落的 CSR 的组分值。然后，基于物种和群落的 C、S 和 R 组分值，使用 R 软件中的“Ternaryplot”函数(Kozak，2010)绘制三元图。

将性状值回归到主成分分析(PCA)轴，并使用这些回归方程生成 Microsoft Excel 电子表格。该电子表格旨在允许将新的目标物种与全球数据集所在的多变量空间进行比较。

首先，使用 XLSTAT 执行中心的 Pearson PCA，并对前两个轴应用最大方差(varimax)旋转。由于世界植物区系中有少数物种具有不成比例的大叶片，而大多数物种表现出较小的叶片，因此在主成分分析之前，对性状值进行了转换，以限制最极端的值并提供尽可能接近正态的分布。在这种情况下，LA 数据使用最大值进行标准化，然后进行平方根变换。对 LDMC 数据进行逻辑回归(logit)变换(相对于传统的反正弦变换，logit 变换被认为是更适合比例数据的方法)，并且对 SLA 数据进行对数(log)变换。将转换后的性状值与该性状表现出最大方差的 PCA 轴的值进行回归。描述最佳拟合曲线的回归方程随后被合并到 Microsoft Excel 电子表格中，该电子表格使用该方程来比较任何给定目标物种的性状值与该性状的全球谱。

这有效地为目标物种分配了三个相互变化的维度：基于 PCA2 的“LA 维度”，基于 PCA1 正变异性的“LDMC 维度”，以及基于 PCA1 负变率的“SLA 维度”。由于 PCA 值可以是负的也可以是正的，因此要确定每个性状的 PCA 轴上的最小值(即最负的值)，并将这些值用作常量，与每个性状的所有值相加，以便将性状维度转换为完全正的空间。下一个电子表格函数确定最大值，给出每个性状值的范围。为了产生三元坐标，在电子表格中添加一个函数，该函数将三个维度相加并除以 100，从而确定 LA、LDMC 和 SLA 对每个物种的比例贡献。因此，由此产生的物种三角排序代表了一个可以与目标物种进行比较的“权衡三角”。

根据计算出的 CSR 值的百分比，将其填入表 B－5(见附录)，并绘制生态策略三元图，查看物种在三元图中的点位，判断其采取的生态策略，如图 2－6 所示。

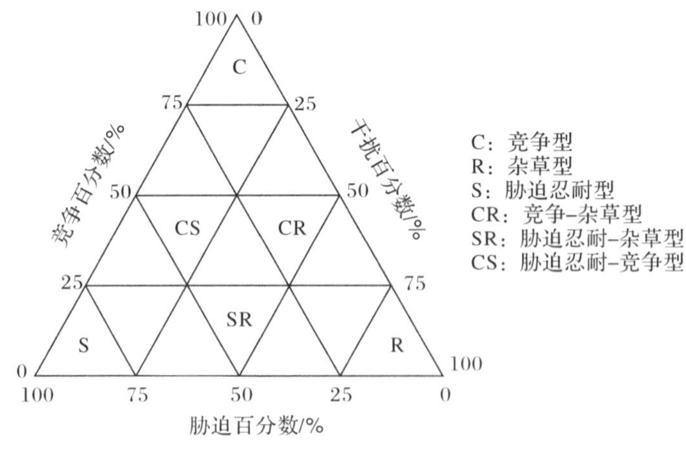

图 2－6　CSR 生态策略类型图

2.4 实习内容十：种群的种内、种间关系度量

2.4.1 概述

生物种群的种内和种间关系复杂多样，存在于生物种群内部个体间的相互关系称为种内关系；种间关系是指共存于同一环境条件中的不同生物物种相互间的关系，包括竞争、捕食、互利共生等，是构成生物群落的基础（牛翠娟 等，2015）。在群落内部，植物之间的种内和种间关系是持续存在的，并且随着群落的发展，这些关系会发生变化。这些变化进而影响群落的结构和动态变化。对喀斯特森林群落的种内、种间关系进行调查，对理解喀斯特森林动态变化具有重要意义。

2.4.2 实习工具

参照实习内容七：木本植物种群结构与数量动态特征。

2.4.3 数据获取

1. 样方设置

参照实习内容七：木本植物种群结构与数量动态特征。

2. 植物种群调查

参照实习内容七：木本植物种群结构与数量动态特征。

2.4.4 数据处理

1. 龄级结构划分

林业上，常常使用生长锥钻取树芯而获取树木实际年龄，但在喀斯特地区等极端生境下，稀有种较多，钻取树芯常会增加树木死亡风险，在不破坏树木的情况下很难获取种群具体树龄。种群的径级与龄级虽有所不同，但同一种群的龄级与径级对相同环境的反应规律具有一致性（王飞 等，2022），因此目前常采用“空间推时间”的方法，即用径级代替龄级。对于径级的划分，目前尚未拥有普适性标准，主要依研究对象的具体情况来确定，如在一些人的研究中，将喀斯特次生林优势种群的龄级划分为：Ⅰ龄级（DBH＜1 cm），Ⅱ龄级（1 cm≤DBH＜3 cm），Ⅲ龄级（3 cm≤DBH＜5 cm），Ⅳ龄级（5 cm≤DBH＜7 cm），Ⅴ龄级（7 cm≤DBH＜9 cm），Ⅵ龄级（9 cm≤DBH＜11 cm），Ⅶ龄级（DBH≥11 cm）（韦红艳 等，2023）。

龄级结构图是用于展示种群中各个年龄组的个体数量或比例的图表，可以评估种群的健康状况、生长趋势和年龄分布。分析龄级结构图可了解种群的年龄分布特征，如是否为增长型、稳定型或衰退型种群，以及种群的生殖率和存活率。

如图 2－7 所示，Ⅰ龄级个体数量较多，占到 50％，而Ⅶ龄级个体数量最少，仅为种群个体数的 1％，从总体来看，该种群属金字塔形，即种群幼年植株多，老年植株少，种群出生率大于死亡率，属于增长型群落。

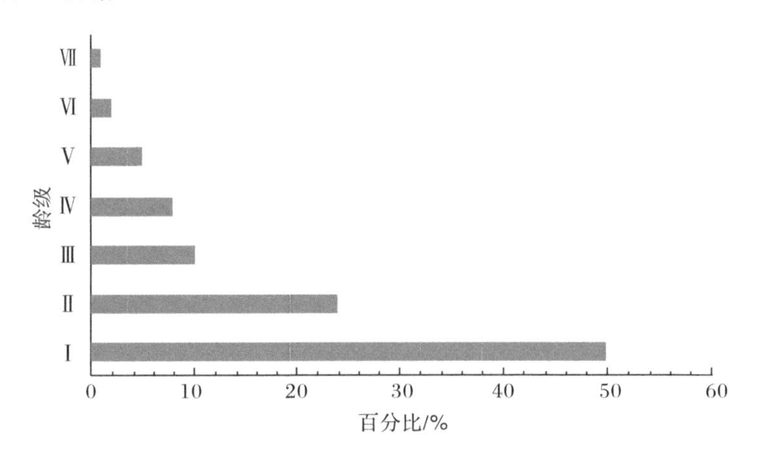

图 2－7　种群龄级结构示例图

2. 种内、种间竞争关系

以往的研究表明，乔木树种在竞争强度下的最适宜竞争范围通常与自然条件下林窗的大小相匹配。因此，根据所选对象木树种的差异，在样地上确定的样圆半径也会有所不同。首先，选择一定数量的不同径级的对象木。根据所选树种，实地调查其在自然状态下的林窗半径。其次，在以样地内所选树种为中心，以林窗半径为基础划定的样圆内，测量所有乔木（高度超过 1.3 m）的胸径、树高以及与所选树种之间的距离，并对这些乔木进行标记，以避免重复测量（游娟 等，2017）。最后，用不同树种数据计算种间竞争强度，相同树种数据计算种内竞争强度（张金屯，2004）。

马世荣等（2012）指出，赫格（Hegyi）提出的单木竞争模型在判断种内、种间竞争关系时最为常用。相关计算公式如下：

单木竞争模型：

$$\mathrm{CI}_i = \sum_{j=1}^{n} \frac{D_j}{D_i L_{ij}}$$

对象木与竞争木之间的距离：

$$L_{ij} = \sqrt{(x_i - x_j)^2 + (y_i - y_j)^2}$$

式中，CI_i代表竞争指数，其值越大，表明竞争越激烈；D_i是指对象木胸径；D_j是指竞争木胸径；L_{ij}是指对象木和竞争木之间的距离；n 代表竞争木的株数；x_i、y_i代表对象木的坐标；x_j、y_j代表竞争木的坐标。

总竞争指数：

$$\mathrm{CI}=\sum_{i=1}^{N}\mathrm{CI}_i$$

式中，CI代表总竞争指数；N代表对象木的株数。在EXCEL中计算出每棵植株的竞争指数后，可以对数据进行汇总，以分别得到对象木的种内总竞争指数和种间总竞争指数。

对象木、竞争木概况表，种内和种间各径级竞争强度表，种内和种间各树种竞争强度表分别见表B-6、B-7、B-8(见附录)。

3. 种间关联

种间关联性描述了不同种群在空间分化上的关联程度，它是群落内各种群在生境中相互作用、相互影响所建立的联系。这种关联性是群落演替和构成的关键指标(涂洪润 等，2021)。正联结代表种对关系为互利或对一方有利，如资源互补。通常情况下，群落中各种对正联结程度越高，群落结构与功能越趋于稳定。相反，负联结表示种对之间的关系对一方或双方不利，这可能源于种间竞争或相互干扰。群落中种对之间的负联结程度越高，表明各物种之间相互独立，群落状态可能更加不稳定(张滋芳 等，2019)。

1)总体关联性

总体关联性描述了一个群落中所有物种之间的相互关系。通过计算物种间联结指数(V_R)，可以定量分析所研究物种的总体关联性(张金屯，2004)。为了确定这些关联性是否显著，可以使用统计量W进行显著性检验。

$$V_R=\frac{S_T^2}{\delta_T^2}$$

$$W=V_R\times N$$

其中

$$\delta_T^2=\sum_{i=1}^{S}P_i(1-P_i)$$

$$S_T^2=\left(\frac{1}{N}\right)\sum_{i=1}^{N}(T_j-t)^2$$

$$P_i=n_i/N$$

式中，S代表总物种数；N代表总样方数；n_i代表物种i出现的样方数；P_i代表物种i出现的频度；T_j代表样方j内出现的物种总数；t代表全部样方物种的平均数；S_T代表所有样方物种数的方差；δ_T代表所有物种出现频度的方差。在独立性零假设条件下，如果$V_R=1$，则原假设成立，表示物种间完全独立，没有关联；如果$V_R>1$，表示所有物种总体上呈正关联；如果$V_R<1$，则表示所有物种间存在负联结。同时，由于正联结性与负联结性可相互抵消，因此还需通过W值检验V_R值偏离1的显著程度。当$X^2_{(0.95N)}<W<X^2_{(0.05N)}$时，可以认为优势种群的总体联结性不显著，若$W$值超出了这个范围，那么可以判定优势种群的总体联结性是显著的。

2)种间关联性

种间关联性的研究涉及两个主要方面,一是检验两个物种在特定置信水平上是否存在关联;二是测定这种关联的程度。通常,判断两个物种之间是否存在关联性会使用 χ^2 检验,两个物种出现或不出现的观测值可填入种出现与否 2×2 列联表中(见附录表 B-9)(张金屯,2004)。χ^2 计算公式为

$$\chi^2 = \frac{N[(|ad-bc|)-\frac{1}{2}N]}{(a+b)(c+d)(a+c)(b+d)}$$

当 $\chi^2<3.841$ 时,种间无联结,相互独立($P>0.05$);当 $\chi^2>6.635$ 时,种间联结极显著($P<0.01$);当 $3.841<\chi^2<6.635$,种间联结显著($0.01<P<0.05$)。

由于 χ^2 检验无法确定不显著种对联结性,而联结系数 A_C 能更清楚地反映种对间联结性的相对强弱(陈聪琳 等,2024)。其公式如下:

当 $ad\geqslant bc$ 时, $$A_C=\frac{ad-bc}{(a+b)(b+d)}$$

当 $ad<bc$ 且 $d\geqslant a$ 时, $$A_C=\frac{ad-bc}{(a+b)(a+c)}$$

当 $ad<bc$ 且 $d<a$ 时, $$A_C=\frac{ad-bc}{(c+d)(b+d)}$$

A_C 值域为[-1,1],当 A_C 趋近于 1 时,表示物种对正联结越强;当 A_C 趋近于 -1 时,物种对负联结越强;当 $A_C=0$ 时,表示物种之间完全独立。

χ^2 检验和联结系数 A_C 均基于定性数据分析种对联结性,而斯皮尔曼(Spearman)秩相关检验是基于定量数据,根据样地内物种在样方中的多度分布矩阵计算不同种对间 Spearman 秩相关系数,能清楚地反映物种之间的关系(刘雨婷 等,2023)。Spearman 秩相关系数计算公式如下:

$$r_s(i,k)=1-\frac{6\sum_{j=1}^{N}(x_{ij}-x_i)^2(x_{kj}-x_k)^2}{N^3-N}$$

$r_s(i,k)$ 的值域为[-1,1]。式中,N 为样格总数;x_{ij} 和 x_{kj} 分别是物种 i 和物种 k 在样格 j 中的个体数;x_i 和 x_k 分别是 j 个样格中物种 i 和物种 k 个体数的平均值。

对于多个种间的关联,同样可以计算各种对间的关联系数,结果可以列表表示,但一般用较直观的图示法表示。主要有两种图:一种是群落中种间关联矩阵图;另一种是群落中种间关联星座图。并且,多种间的相关程度也可以用关联矩阵图和关联星座图表示(张金屯,2004)。

2.5　实习内容十一:种群生态位度量

2.5.1　概述

生态位理论普遍应用于植物种群生态研究领域,其是评价种间关系、物种与环境之间关系以及群落演替方向的重要方法(万凌凡 等,2024)。生态位宽度和生态位重叠是描述生态位特征的主要指标。对生态位进行度量可以较好地反映不同物种对群落中有限资源的竞争关系和不同种群间的稳定共存关系(刘润红 等,2020)。因此,对喀斯特地区进行种群生态位度量有重要意义。

2.5.2　实习工具

参照实习内容七:木本植物种群结构与数量动态特征。

2.5.3　数据获取

1.样方设置

参照实习内容七:木本植物种群结构与数量动态特征。

2.植物种群调查

参照实习内容七:木本植物种群结构与数量动态特征。

2.5.4　数据处理

1.重要值

通常,使用综合指数来表征物种在群落中的相对重要性。利用调查数据,可计算植物群落中各物种的相对密度、相对频度和相对显著度。重要值计算公式如下:

$$\text{重要值}=\frac{\text{相对密度}+\text{相对频度}+\text{相对显著度}}{3}$$

式中,相对密度=(某种的个体数/总个体数)×100%;相对频度=(某种的频度/所有种的频度总和)×100%;相对显著度=(某种的胸高断面积之和/所有种的胸高断面积总和)×100%。

2.生态位宽度

生态位宽度是指群落中物种利用或趋于利用的各种资源的总和,即生物利用资源多样性的一个指标,反映了不同物种的分布情况(万凌凡 等,2024)。当一个物种面临的可利用资源较少时,它通常会增加生态位宽度,以便能够获取足够的资源来维持生存和繁衍。相反,在资源丰富的环境中,物种可能会选择性地利用某些资源,导致生态位宽度变窄。生态位较宽的物种,即泛化种(generalist species),能够利用多种资源并在不同的环境中生存,因此它们具有较强的竞争能力。这些物种的特化程度较低，能够适应广泛的环境条件。而生态位较窄的物种，即特化种(specialists species)，对特定资源或环境条件有高度依赖，它们在资源竞争中可能处于劣势。这些物种的特化程度较高，适应能力相对较弱，通常只能在一个较窄的环境范围内生存(张金屯，2004)。生态位宽度主要由生态位宽度指数来确定。

莱文斯(Levins)生态位宽度指数：

$$B_L = \frac{1}{\sum_{k=1}^{r} (P_{ij})^2}$$

香农-威纳(Shannon Wiener)指数：

$$B_S = -\sum_{j=1}^{r} P_{ij} \ln P_{ij}$$

式中，P_{ij} 代表物种 i 对第 j 个资源位的利用占全部资源位的比率(此处以物种 i 在第 j 个样地的重要值表示)；r 代表样方的总数。生态位宽度(B_L 和 B_S)的值越大，表明物种 i 的生态位宽度越宽，对资源的利用率越高，因此其竞争力也越强。相反，如果物种的生态位宽度值越低，则说明物种分布越少且不均匀。当物种 i 的所有个体都集中在某一个资源状态下时，生态位宽度值会达到最小，意味该种具有最窄的生态位。注意，上述计算均可在 R 语言“spaa”包中进行。

根据相关学者的分析方法，可利用 R 语言中的“EcolUtils”包进行随机化重排模拟物种的出现频率。可以将生态位宽度指数超过 95%置信区间上限的物种归类为泛化种；相反，低于 95%置信区间下限的物种归类为特化种；处于 95%置信区间内的物种则归类为中性类群(neutral taxa)。

将计算结果填入主要木本植物重要值及生态位宽度表 B-10(见附录)。

3. **生态位重叠**

生态位重叠反映树种之间利用资源或对环境适应能力的相似程度，能反映生态位相似的树种对资源与空间的分享或竞争(冯铭淳 等，2024)。生态位重叠现象发生在两个物种利用相同资源或共同占有某一资源因素，如食物、营养成分、空间等情况下。在这种情况下，两个物种的生态位会在一定程度上重叠。如果两个物种具有完全相同的生态位，被称为完全重叠。然而，在大多数情况下，生态位之间只会发生部分重叠，这意味着只有一部分资源是被两个物种共同利用的，而其他资源则分别被各自占据。

在由两个生态位维度(两个资源轴)组成的三维生态空间，即使两个生态位在单独的维度上看起来有重叠，但在两个维度中的实际重叠通常是很小的。生态位重叠指数的大小反映了两个物种在生态学特性上的相似性或者对环境需求的互补性。当生态位重叠指数较大时，表明两个物种对资源环境的竞争能力较强，因为它们在资源利用上具有较高的相似性。反之，两物种对环境竞争能力弱，则趋向于共存状态。上述计算均可在 R 语言“spaa”包中进行。

皮纳卡(Pinaka)生态位重叠指数：

$$Q_{ik}=\frac{\sum_{j=1}^{r}P_{ij}P_{kj}}{\sum_{j=1}^{r}P_{ij}^{2}\sum_{j=1}^{r}P_{kj}^{2}}$$

式中，Q_{ik} 表示种 i 和种 k 两个物种的生态位重叠；P_{ij} 代表物种 i 对第 j 个资源位的利用占全部资源位的比率；P_{kj} 代表物种 k 对第 j 个资源位的利用占全部资源位的比率；r 代表样方的总数。

对优势物种生态位重叠进行计算，将计算结果记录至优势物种生态位重叠度表 B－11（见附录）。

第3章 群落生态学

3.1 实习内容十二：植物群落野外定位监测

3.1.1 概述

植物群落野外定位监测是指通过一定的技术手段和现行标准，在自然环境中对植物群落进行定期监测和调查，目的是揭示群落结构、功能的时空变化规律，掌握群落对于环境改变的响应机制，在发现、研究、解决相关领域的问题中发挥着不可或缺的作用(森林生态系统生物多样性监测与评估规范，2014)。样方法可以帮助科研人员了解植物群落的特征，其通过在不同位置设置样地，对植物群落的结构、组成、动态变化等情况进行系统性的调查和监测，为生态学研究和生态系统管理提供重要数据。样方大小的选择在植物群落调查中非常重要，可根据不同的群落类型和研究目的对样方大小进行灵活调整(吴征镒 等，2011)。

3.1.2 实习工具

(1)测量工具。RTK、测高杆、胸径尺、钢卷尺、手持 GPS、游标卡尺。

(2)标注工具。45 mm 及 60 mm(直径)PVC 管、带编号铝牌、手锤、手动喷漆、粉笔、塑料红绳。

(3)记录工具。写字板、记录本、铅笔、牛皮标签纸。

(4)采集工具。高枝剪、塑封袋。

3.1.3 实习方法

1.固定样地建设

(1)标准地的面积设定。标准地的面积应根据调查目的、对象而定。在林分调查中，为了充分反映出林分结构和保证调查结果的准确度，标准地内必须要有足够数量的林木株数，故应根据要求的林木株数确定其面积大小。一般在近熟和成熟、过熟林中，标准地内至少应有 200 株以上的林木，中龄林 250 株以上，幼龄林 300 株以上。但在实际工作中，确定标准地面积时，还应考虑调查目的、林分密度等因素。因此，可预先选定 400 m^2，调查林木株数，以此推算标准地所需面积。在实际调查中，标准地的面积一般为 400～1000 m²。考虑到各种因素，喀斯特地区森林群落标准地面积应大于 900 m²。

(2)样地选择。选择地带性植被长势较好、分布面积广、能够基本表征该地区植物群落结构且地势较为平缓的成熟林，建立 30 m×30 m 的监测样地，每个样地须保证有不少于 2 个重复样方，每 2 个样地间的距离不得小于 50 m(森林生态系统生物多样性监测与评估规范，2014)。样地选择还需满足下列条件：

①样地内不能出现宽度超过 1 m 的道路。

②样地距离林分边缘不小于 100 m(避免边缘效应)。

③样地内不能出现悬崖、体积较大的石头。

④样地选择需保证林分整齐，尽量避免人为干扰的地方。

⑤样地内不能出现饲养动物痕迹。

(3)固定监测样地标定。样地选定后，使用 RTK 定位好样地第一个脚点，随后使用 RTK 放样功能将整个样地划为 9 个 10 m×10 m 的样方。如图 3-1 所示，在样地的四个顶点插上 60 mm 的 PVC 管(遇到岩石则使用喷漆做标记点)，每隔 10 m 设置一个基点，插上准备好的 45 mm PVC 管，以二维坐标系(x,y)原理对每一基点进行命名，并根据左下角基点信息对样方进行命名。固定监测样地基点全部测完后，用准备好的塑料红绳固定出样地边界(可用桩子或标志物来固定红绳的位置)，然后对每个样地进行拍照记录。标定完成后对样地地理信息(经纬度、坡位、坡向等)进行调查，同时收集或测定样地土壤性质(土壤类型)，调查干扰程度、森林起源、土壤类型等信息，并结合 RTK 测量数据，将相关信息填入表 B-1(见附录)。

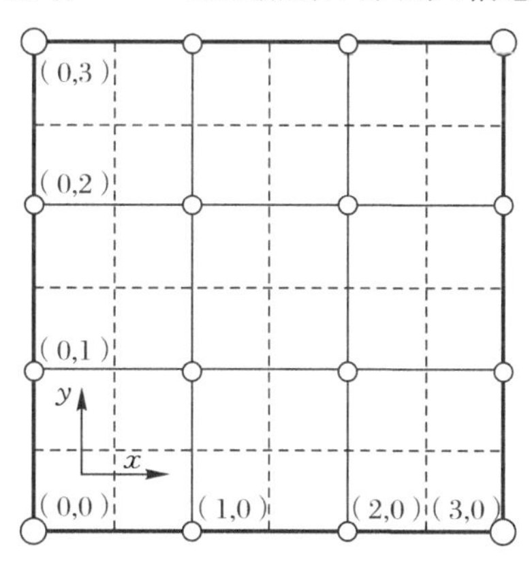

图 3-1 样地建设示意图

注：图中大圆表示 60 mm PVC 管，小圆表示 45 mm PVC 管；粗实线为样地边界(30 m×30 m)，细实线表示各样方范围(10 m×10 m)，虚线代表小样方的划分。

RTK 测量基本要求：

①测量时需确保水平距离，如遇坡度，需进行相应的坡度校正。

②闭合差需控制在 1/200 以内。

③测量完成后，测绳与皮尺需固定在边界线上，为后续的调查工作提供便利。

④记录森林类型的名称,并按调查顺序对标准地进行编号。

⑤测定标准地的海拔、坡向、坡度及坡位。

⑥记录样地的方位,测定其海拔、坡向、坡度和坡位。

(4)林分郁闭度计算。使用像素较好的手机安装视角为180°的鱼眼镜头,在样地中心点进行拍照,获取林冠影像(拍摄时,鱼眼镜头需保持水平,另外,鱼眼镜头视角大,拍照的时候需要保证周围人员低于镜头,避免摄入人像,影响郁闭度计算)。拍摄完毕后,将照片进行编号带回室内,进行郁闭度计算。

下载并打开"GLA"软件,选择软件工具栏处的【file】→【open file】,打开图像;选择【Configure】→【Register Image】,划定分析区域,点击【OK】,形成【working image】;选择【Image】→【Threshold】,可以根据需要调整下方对话框的【pixel value】,点击【OK】进行下一步;选择【Calculate】→【Run Calculation】,左上角出现对话框,点击【Calculate】,等待计算;计算完成后会在左上角显示结果,命名后点击【Append】,其保存在左下角的对话框中,点击还原就会出现完整对话框;可连续处理完所有照片后点击【Save as】,保存后用". txt"形式打开,打开后,每一个图像有一行数据,可以复制其到Excel中进行分列处理,最后选择需要的数据用于后续分析。

计算结果记录至样地信息记录表C-1(见附录)。

2. 植物群落调查

调查开始前需要对样地整体地形、走势等进行观察,根据实际情况合理规划调查方案,决定调查方向及顺序。由于样地面积较大,为了便于调查,可利用皮尺、钢卷尺等测量工具将样地中每一个10 m×10 m的样方分别划分为4个5 m×5 m的小样方,如图3-2所示,记录每个5 m×5 m方格内树木的坐标位置(x,y)。

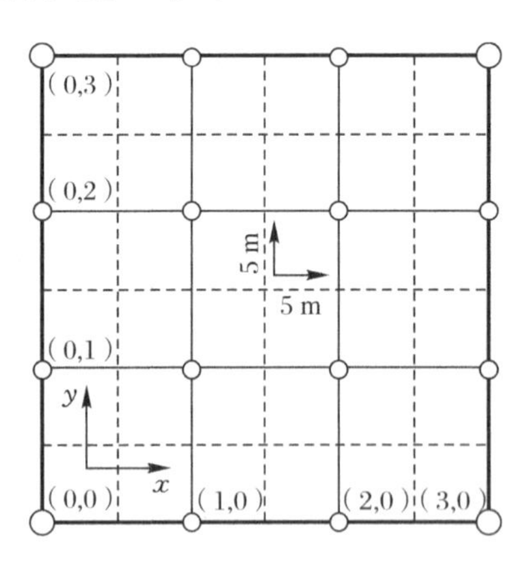

图3-2　样地内小样方示意图

注:图中大圆表示60 mm PVC管,小圆表示45 mm PVC管;粗实线为样地边界(30 m×30 m),细实线表示各样方范围(10 m×10 m),虚线代表小样方的划分。

正式调查开始前，对样地内胸径大于 1 cm 的植物进行挂牌编号，根据生活型将木本植物划分为乔木层和灌木层及草本层。调查时，记录并鉴定样地内每一挂过牌的木本植物，若不能准确识别植株，可使用长焦数码相机采集清晰的物种图片（花、果、叶等）或使用高枝剪采集植物叶片、花以及果实等特征组织，装入塑封袋中，之后咨询专家。

(1)乔木层调查。使用测高杆对每株植物的高度进行测量并于植物离地 1.3 m 处测量胸径，若测量处被青苔等其他杂物遮挡，需将杂物清理后再进行测量。使用粉笔在被测量处进行标记，以免重复测量。测量完成后在粉笔标记处喷涂亮色漆，保证后期测量胸径高度的一致性。若植株 1.3 m 以下有分枝，则根据上述方法对每一胸径大于 1 cm 的分叉进行调查，并记录该植株的分枝情况。将测量数据填入表 B-2（见附录）。

(2)灌木层调查。如图 3-3 所示，在每个 10 m×10 m样方的右上角设置一个 5 m×5 m 的灌木样方，使用红绳圈出位置。对样方内所有的植物进行识别，使用测高杆测定植株高度，使用游标卡尺调查植株基径，采用直径测量法测定盖度。调查信息记录至表 C-2（见附录）。

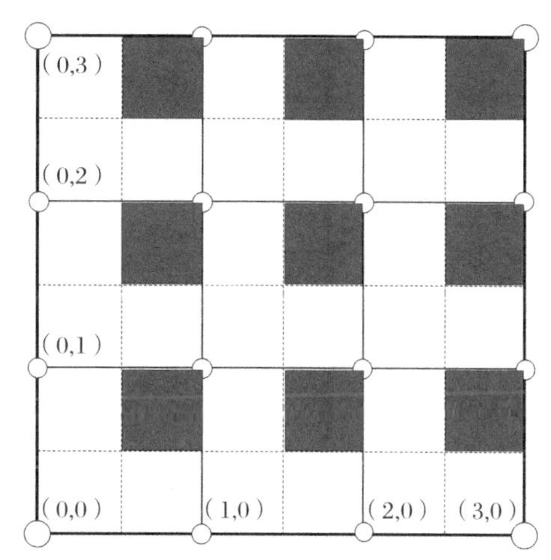

图 3-3 样地内灌木样方建设示意图

(3)草本层调查。如图 3-4 所示，在每个灌木样方的右上角框选出一个 1 m×1 m 的草本样方，对样方内草本植物进行识别并将物种名、数量、高度、盖度等信息记录至表 C-3（见附录）。

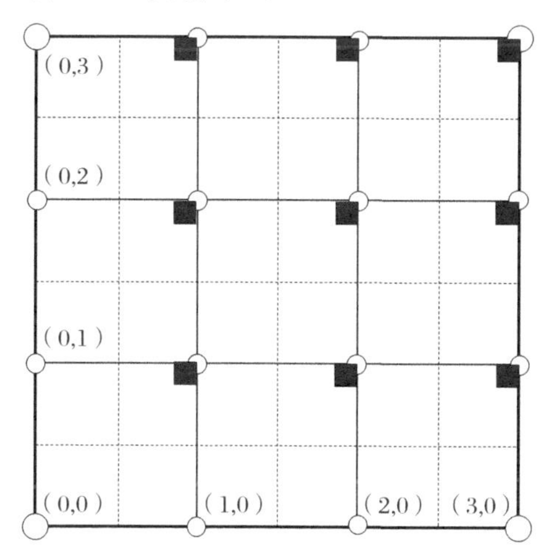

图 3-4 样地内草本样方建设示意图

(4)幼苗监测。如图 3-5 所示,在样地内设置 5 个 1 m×1 m 的幼苗样方,用于监测样地内基径小于 1 cm 的木本植物幼苗。对样方内所有幼苗进行挂牌登记,然后将物种名、生长状况、数量、基径、高度、盖度等信息记录至表 C-4(见附录)。随后每年复查一次,检查幼苗框内幼苗的存活状态,并对相关信息进行更新。

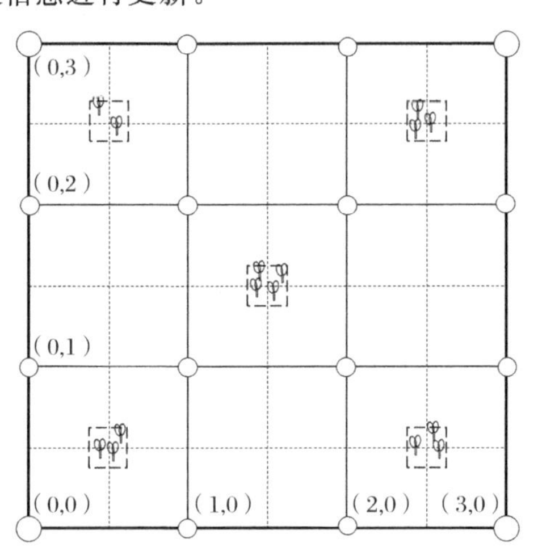

图 3-5　样地内幼苗样方建设示意图

3.2　实习内容十三:种-面积曲线绘制

3.2.1　概述

种-面积曲线或种-面积关系是生态学领域中的一个核心议题,它深入探讨了物种数量与取样面积之间的动态关系。这一关系为研究物种数量与取样面积变化奠定了基础,有利于更进一步获取物种的生态学过程,而且蕴含着丰富的生态过程信息。种-面积曲线与物种的形成、灭绝、迁移扩散等生态过程紧密相连,为我们提供了揭示生物多样性的重要线索。理论上,植物群落的种类组成应涵盖其所有植物种类,然而,在实际操作中,进行全面普查往往难以实现。因此,我们依据群落的最小面积,即能够真实反映群落类型种类组成和结构特征的最小取样面积,进行抽样调查,以最大化地获取群落信息。群落最小面积的确定通常借助种-面积曲线,通常情况下,种-面积曲线呈现先上升后平缓的趋势,而曲线变得平缓的点所对应的面积就是我们说的群落的最小面积。

种-面积曲线的绘制可以通过 3 种方法实现,分别是:巢式样方、组合样方以及隔离生境(见图 3-6)。巢式样方的原理是通过不断扩大取样面积,确保大面积样方包含小面积样方,从而构建种-面积关系。这种方法具有广泛的地理适用性,可以应用于不同地理层级的研究。组合样方则是将相同面积的样方随机组合,形成不同面积的样方组合系列,并结合各组合中的物种数绘制种-面积曲线。在实际操作中,我们逐步合并样方,以合并后的样方数量为面积和其中的物种数为基础构建曲线。隔离生境则是基于不同面积的斑块及其包含的物种数来构建种-面积关系，也称作岛屿型种-面积关系。在此情况下，面积系列并非人为设计，而是取决于斑块(岛屿)的自然大小(唐志尧 等，2009)。

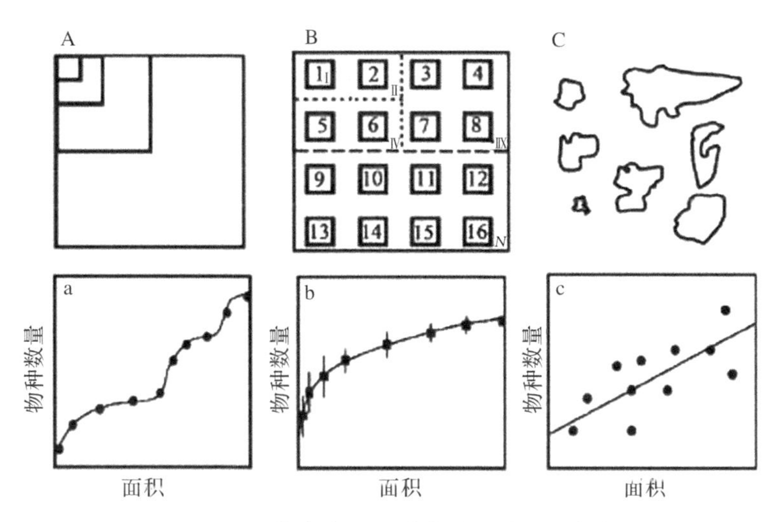

图 3-6 构建种-面积曲线的 3 种主要方式

注：A 和 a 分别为巢式样方及其对应的种-面积曲线；B 和 b 分别为组合样方及其对应的种-面积曲线；C 和 c分别为隔离生境及其对应的种-面积曲线(唐志尧 等，2009)。

3.2.2 实习工具

参照实习内容十二：植物群落野外定位监测。

3.2.3 实习步骤

1.数据获取

选择调查地点并设立样方：选择一个具有代表性的植物群落作为调查地点，然后根据实地情况设立大小不同的样方(可以是逐渐扩大的巢式样方，以便后续统计每个样方内的植物种类和数量)。根据野外实习的实际情况，选取两种不同的群落(如灌丛、荒漠、草原、草甸、沼泽等)，按巢式样方法(见图 3-7)统计乔木层、灌木层以及草本层的物种信息，填入记录表，并绘制成种-面积曲线。注意，最小面积与物种的生活型以及群落中物种的多样性有关，为避免由于喀斯特地区小地形或特殊生境导致的物种分布不均匀，样方面积应略大于常规地貌构建样地的面积。因此，乔木群落样地大小为 900 m^2，灌木群落为 4～16 m^2，草本群落为 1～4 m^2。

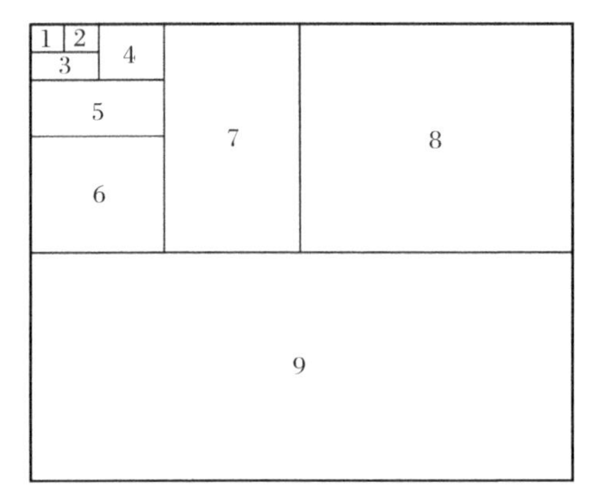

图 3-7　巢式样方法

注："1"代表第一次取样面积为 2 m×2 m；"1+2"代表第二次取样累计面积为 2 m×4 m；"1+2+3"代表第三次取样累计面积为 4 m×4 m；其余类推。

2. 具体操作方法

(1)固定样地建设。参照实习内容十二：植物群落野外定位监测。

(2)植物群落调查。参照实习内容十二：植物群落野外定位监测。

3. 数据处理

绘制种-面积曲线：根据统计的数据，以物种数量为纵坐标，样方面积为横坐标，绘制种-面积曲线。如图 3-8 所示，曲线显示出了随着样方面积的扩大，所发现的植物种类数量的变化情况。曲线一开始陡峭上升，表示在较小的样方面积内就能发现较多的植物种类；然后曲线趋于平缓，表示随着样方面积的进一步扩大，新发现的植物种类数量趋于减少。

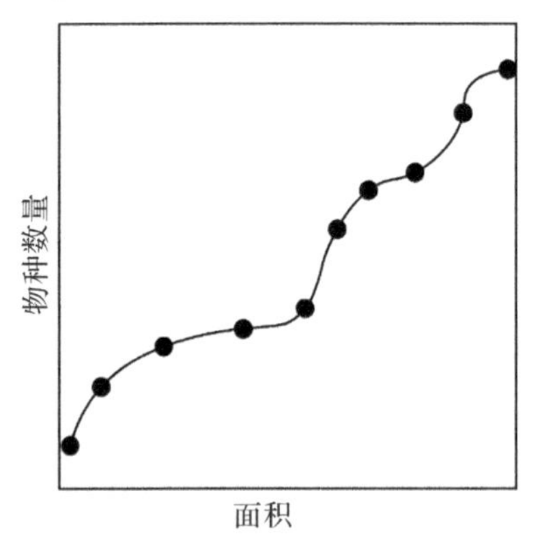

图 3-8　巢式样方种-面积曲线示意图

4. 确定群落最小面积

如图 3-9 所示，种-面积曲线开始平伸的一点(K)，即为能表现群落基本特征的群落最小面积。这个面积可以作为调查时确定样方面积大小的初步标准。

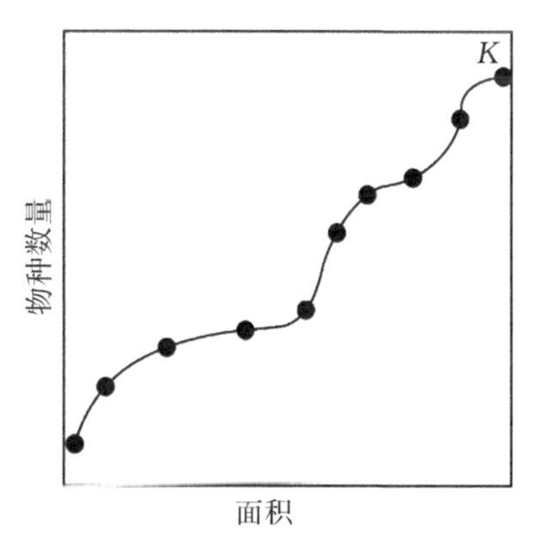

图 3-9 群落最小面积示意图

3.3 实习内容十四：植物群落组成与结构特征分析

3.3.1 概述

植物种群在时间和空间的相互作用下的集合构成了植物群落，植物群落的特征并不是组成群落的各个种群特征的简单相加，而是形成了群落水平上的特征（伊力塔 等，2008）。植物群落的特征表现在它的结构和外貌上，它的形成是群落成员的相互适应，以及对外界环境适应的历史发展的结果（龙文兴 等，2011）。植物群落组成和结构特征是指在一个特定的地理位置或生态环境中，由多种植物种类组成的植物群落的物种组成和空间结构的特征。这些特征反映了植物群落的多样性、种间关系、空间分布格局和生态位分化等方面的信息。

3.3.2 实习工具

参照实习内容十二：植物群落野外定位监测。

3.3.3 实习步骤

1. 植物群落结构的初步观察

（1）物种组成。植物群落的物种组成是指在一个特定的生态系统或生境中，存在的植物物种的种类和数量，反映了该生态系统中植物多样性的程度、种类的分布和相互关系。群落中的物种组成是决定群落外貌、结构、能量流动和物质循环的最基本的因素。在初步观察植物群落结构时，应选择发育完整的森林群落，记载每种植物的名称（不能确定名称的，采集标本带回实验室识别）、株数、平均高度、生长状况、分布状况等。

（2）成层现象。植物群落的成层现象是指在一个生态系统中，不同植物种群按照其生长高度和空间分布形成明显的层次结构。这种层次结构反映了植物种群在竞争、适应和资源利用等方面的差异，形成了垂直方向上的分层现象。不同植被类型中群落的垂直结构有很大的差异，按照生长型，通常可以分为乔木层、灌木层、草本层等基本结构层次。注意，需要观察每一层次的主要物种。

(3)季相变化。随着气候的变化，植物发芽、开花、结果、落叶等也会随之改变。在四季分明的地区，植物群落就有着明显的季相变化。在观察群落结构时，要注意每一物种的物候特征。

(4)种间关系。植物的群落中，个体之间除了年龄、种群数量、空间配置等关系外，还存在着种间竞争、互利共生、寄生等各种复杂的关系。认真观察种间关系，对研究生态平衡、群落演替以及环境评价等各方面十分重要。

2. 植物群落样方调查

研究植物群落的方法很多，但是，最基本最广泛的方法还是样方法。样方法通常是在群落中取几个方形的样地，统计、分析物种组成、多度、密度、频度等数据，同时观察群落季相变化、统计生活型等。

多度是指被调查样地植物群落中个体数量的多少，是一个相对指标，一般可以通过下列两种方法获取。直接计算法，基于一定面积的调查样地，记录各种植物的个体数据，然后计算出某种植物与同一生活型的全部植物个体数量的比值；目测估计法，按照提前确定的物种多度等级来估计单位面积上的个体数量，一般用于植物个体数大而体形较小的群落，如灌木、草本群落，有时也用于概略性的勘察。

密度表示单位面积内物种个体的数量，分为绝对密度和相对密度。绝对密度指单位面积上某物种个体的数量；相对密度是指在调查样地中，某物种个体数量占样地内全部物种的个体数量的百分比。

频度是某物种出现的样方占所有样方总数的百分比，它表明了物种在某一个地段上的分布均匀性。物种的频度与密度相关，同时也受到物种分布、个体大小以及样方数目和大小的影响。调查频度时，所设置的样方应尽可能把它们均匀地分布在样地上。其大小应充分考虑到要测量的物种性状、植株大小和该物种在群落中所处的层次。当样方面积较小时，设置样方的数量应该适当增加。

盖度是指植物体或其某一部分在地面上的垂直投影，能够反映出植物在空间上所占的面积，在一定程度上也能够说明植物同化面积的大小。盖度可以用实测法和目测法进行测量。实测法一般用于草地等低矮植被或是森林中的灌木层和草本层覆盖面积的测定：用预先制成的 1 m×1 m 的 PVC 架子，使用绳线将其分为 100 个 10 cm×10 cm 的小格子，将方格 PVC 架子放置在选定的地段上，以植物枝叶所占格数直接得出种或层的覆盖的百分数。在测定乔木层盖度时，一般采用基部盖度进行测量，植物基部着生的面积叫作基部盖度。用卷尺实际测量树干距地面 1.3 m 处的胸径(直径)，以圆面积公式计算出树干横断面面积，某一树种的胸高断面积与样地内全部树木总断面积之比，即为该树种的相对基部盖度。对于大多数乔木层而言，由于树冠较高，很难实测，故一般多采用目测法并用盖度级表示。

森林群落样方规格通常为 10 m×10 m、20 m×20 m 或 20 m×50 m，灌木群落样方规格通常为 5 m×5 m 或者 2 m×5 m，草本群落样方规格通常为 2 m×2 m 或 1 m×1 m。在实际操作中，样方大小按照不同的群落类型或者不同的研究目的进行调整。此处我们以 30 m×30 m 的固定样地为例，学习植物群落组成与结构特征的分析方法。

1）固定样地建设

参照实习内容十二：植物群落野外定位监测。

2）植物群落调查

参照实习内容十二：植物群落野外定位监测。

3）重要值计算

重要值是为了量化群落中某个物种的地位和作用的综合计量指标，用于定量分析物种优势度或显著度。设样方为 $i(i=1,2,\cdots,n)$，每一小样方面积为 s，每个样方出现的植物物种数为 $j(j=1,2,\cdots,m)$，则灌木和草本植物重要值计算公式如下：

$$株数_j = \sum_{i=1}^{n} n_{ij}$$

$$样方面积和 = n \times s$$

$$密度_j = \frac{株数_j}{样方面积和 \times 10000}$$

$$相对密度_j = \frac{密度_j}{\sum_{j=1}^{m} 密度_j} \times 100\%$$

$$盖度和_j = \sum_{i=1}^{n} 盖度_{ij} \times n_{ij}$$

$$相对盖度_j = \frac{盖度和_j}{\sum_{j=1}^{m} 盖度和_j} \times 100\%$$

$$频度_j = \frac{出现样方数_j}{n} \times 100\%$$

$$相对频度_j = \frac{频度_j}{\sum_{j=1}^{m} 频度_j} \times 100\%$$

$$重要值_j = \frac{相对密度_j + 相对盖度_j + 相对频度_j}{3}$$

4）物种多样性计算

群落中的物种多样性指数可以反映群落中物种的丰度和多样性，是研究植物群落分布格局的重要指标。计算物种多样性的指数有很多，如辛普森指数（Simpson's index）、香农-威纳指数（Shannon Wiener index）。辛普森指数（Simpson's index），即优势度指数，计算公式为

$$辛普森指数 = 1 - \sum_{i=1}^{m} p_i^2$$

式中，m 为总的物种数；p_i 为第 i 个物种的个体数占群落中总个体数的比例。辛普森指数越

大，表示群落多样性越高。

香农-威纳指数(Shannon Wiener index)，计算公式为

$$香农\text{-}威纳指数 = -\sum_{i=1}^{m} p_i \times \ln p_i$$

式中，m 为总的物种数；p_i为物种 i 的数量与总物种数的比值。

3.4 实习内容十五：植物群落动态分析

3.4.1 概述

植物群落的动态作为植物群落学的关键议题，涵盖了更新、波动、演替及进化等多个关键方面，深入探索植物群落的动态演变及其机制，一直是植物群落生态学领域的核心研究内容(李镇清 等，2005)。群落的组成与结构不仅是生态系统功能的基础，还反映了生物与环境间的相互作用在生态系统结构上的具体体现。因此，对群落组成和结构的动态变化进行研究，对于理解群落物种的共存模式，揭示森林生物多样性的形成与维持机制，分析树种的空间布局与分布特点，以及掌握森林对气候变化的响应等方面，具有极其重要的科学价值。

植物群落动态分析主要基于植物生态学、群落生态学和种群生态学的原理和方法。首先，植物群落是由多个植物个体组成的，其组成和结构受到多种因素的影响，包括但不限于植物种类的数量、种类的相对丰度、土壤条件、气候条件、动物和微生物的相互作用等。植物群落的动态变化是指在一个特定的地区中植物群落随着时间推移逐渐发生变化的过程，这种变化与其所处的环境关系最为密切。其次，植物群落的演替过程是一个重要的理论概念。演替是指植物群落随着时间的推移，从一个阶段逐渐过渡到另一个阶段的过程。这个过程通常可以分为先锋物种阶段、灌木和小乔木阶段、中等大小乔木阶段和成熟乔木阶段。在每个阶段，不同的植物物种会占据主导地位，从而导致植物群落的物种组成和结构发生变化。此外，火灾和其他自然或人为干扰也是植物群落动态分析的重要考虑因素(李天星 等，2013)。这些干扰事件会导致植物群落的损失，但同时也为新的物种提供了生长空间，从而改变了植物群落的组成和结构。综上，通过对这些因素的深入研究和理解，可以更好地揭示植物群落的动态变化规律，为生态系统的管理和保护提供科学依据。

3.4.2 实习工具

参照实习内容十二：植物群落野外定位监测。

3.4.3 实习步骤

1. 固定样地建设

参照实习内容十二：植物群落野外定位监测。

2.植物群落调查

参照实习内容十二:植物群落野外定位监测。

3.重要值计算

重要值是为了量化群落中某个物种的地位和作用的综合计量指标,用于定量分析物种优势度或显著度。设样方为 $i(i=1,2,\cdots,n)$,每一小样方面积为 s,每个样方出现的植物物种数为 $j(j=1,2,\cdots,m)$,则灌木和草本植物重要值计算公式如下:

$$株数_j=\sum_{i=1}^{n}n_{ij}$$

$$样方面积和=n\times s$$

$$密度_j=\frac{株数_j}{样方面积和\times 10000}$$

$$相对密度_j=\frac{密度_j}{\sum_{j-1}^{m}密度_j}\times 100\%$$

$$盖度和_j=\sum_{i=1}^{n}盖度_{ij}\times n_{ij}$$

$$相对盖度_j=\frac{盖度和_j}{\sum_{j=1}^{m}盖度和_j}\times 100\%$$

$$频度_j=\frac{出现样方数_j}{n}\times 100\%$$

$$相对频度_j=\frac{频度_j}{\sum_{j=1}^{m}频度_j}\times 100\%$$

$$重要值_j=\frac{相对密度_j+相对盖度_j+相对频度_j}{3}$$

4.物种多样性计算

群落中的物种多样性指数可以反映群落中物种的丰度和多样性,是研究植物群落分布格局的重要指标。计算物种多样性的指数有很多,这里采用较为简单的辛普森指数(Simpson's index),即优势度指数(在反映物种变化的多样性指数中,辛普森指数被认为是反映群落优势度较好的一个指数),其计算公式为

$$辛普森指数=1-\sum_{i=1}^{m}p_i^2$$

式中,m 为总的物种数;p_i 为第 i 个物种的个体数占群落中总个体数的比例。辛普森指数越大,表示群落多样性越高。

3.5 实习内容十六:植物群落生活型谱分析

3.5.1 概述

植物生活型指的是植物在其生长和生存过程中对综合生境条件所表现出来的一系列适应性特征和生活策略。这些特征和策略包括植物的形态特征、生长习性、生命周期以及与环境的相互作用等方面。目前有许多关于植物生活型的研究,其中最为大众熟知的植物生活型是丹麦生态学家劳恩凯尔(Raunkiaer)于 1934 年建立的植物生活型分类系统(Raunkiaer,1934)。

高位芽植物(phanerophuta,Ph):不利季节中,其芽或嫩枝位于植物体距地面较高的部位的植物,如乔木、灌木和一些生长在湿润热带气候下的草本。

地上芽植物(chamaephyta,Ch):芽或顶端嫩枝位于地表或接近地表,距地表的高度不超过 20 cm,在不利于生长的季节中能受到凋落物或冬季地表积雪的保护而仍伸出土表的低矮植物。

地面芽植物(hemicryptophyta,H):在不利季节中,植物地上部分全部枯死而地面芽和地下部分在表土和枯枝落叶的保护下仍存活,到合适条件时植物再度萌芽。

地下芽植物(geophyta,G):亦称隐芽植物,这类植物的地上部分在不利季节里全部枯死,芽通过土壤表面之下的根状茎等形式度过不利季节。

一年生种子植物(therophyta,Th):在恶劣气候下,以种子的形式度过不利季节。

Raunkiaer 生活型图解如图 3-10 所示。

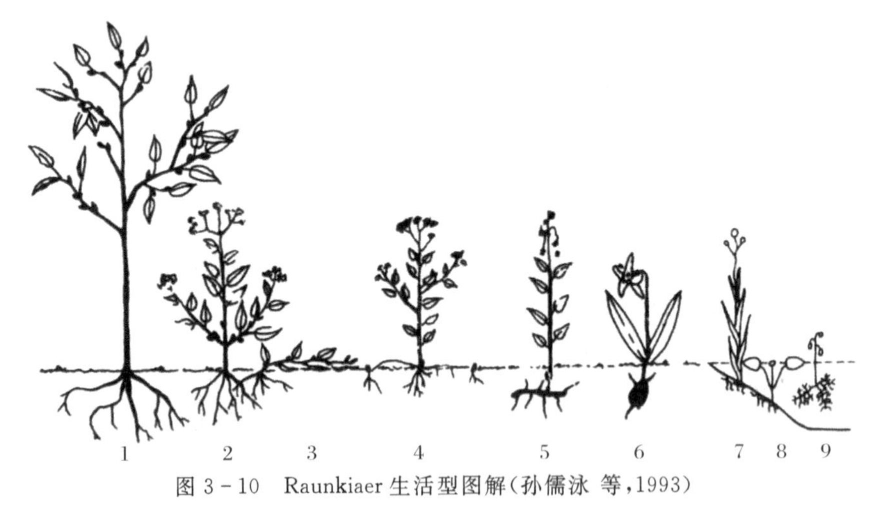

图 3-10 Raunkiaer 生活型图解(孙儒泳 等,1993)

注:1 为高位芽植物;2~3 为地上芽植物;4 为地面芽植物;5~9 为地下芽植物。

3.5.2 实习工具

参照实习内容十二:植物群落野外定位监测。

3.5.3 实习步骤

1.固定样地建设

参照实习内容十二:植物群落野外定位监测。

2.植物群落调查

参照实习内容十二:植物群落野外定位监测。

3.确定植物生活型

基于植物群落和野外样方调查统计数据,列出植物群落的植物名录。根据植物的形态、生活史、营养生态特征等,查清不同植物群落的种类组成和结构,然后采用 Raunkiaer 提出的植物生活型分类系统,将每个植物归类为相应的生活型。

4.计算植物群落生活型谱

根据样地内各种植物的数量和所属生活型来对同一生活型的植物物种归类,计算每种生活型在样地内的相对丰富度,编制植物群落的植物生活型谱。通常,结果以百分比或者比例表示,计算公式如下:

$$\text{某一生活型的百分率}=\frac{\text{该地区该生活型的植物种数}}{\text{该地区全部植物的种数}}\times 100\%$$

将计算好的数据记入表 C-5(见附录)。

5.植物群落生活型谱分析

对植物群落生活型谱进行统计分析,包括计算各个生活型的重要值、多样性指数、优势度等,从而揭示植物群落中不同生活型的组成特点和相对重要性。

重要值是一个综合指标,用于量化不同生活型在植物群落中的地位和作用。它通常包括相对密度、相对频度和相对盖度三个方面。通过计算每个生活型的这三个相对值,并将其加权求和,可以得到每个生活型的重要值。重要值的大小可以反映出该生活型在群落中的相对重要程度,值越大表示该生活型在群落中的地位越高。设样方为 $i(i=1,2,\cdots,n)$,每一小样方面积为 s,每个样方出现的植物物种数为 $j(j=1,2,\cdots,m)$,则灌木和草本植物重要值计算公式如下:

$$\text{株数}_j=\sum_{i=1}^{n} n_{ij}$$

$$\text{样方面积和}=n\times s$$

$$\text{密度}_j=\frac{\text{株数}_j}{\text{样方面积和}\times 10000}$$

$$\text{相对密度}_j=\frac{\text{密度}_j}{\sum_{j=1}^{m}\text{密度}_j}\times 100\%$$

$$盖度和_j = \sum_{i=1}^{n} 盖度_{ij} \times n_{ij}$$

$$相对盖度_j = \frac{盖度和_j}{\sum_{j=1}^{m} 盖度和_j} \times 100\%$$

$$频度_j = \frac{出现样方数_j}{n} \times 100\%$$

$$相对频度_j = \frac{频度_j}{\sum_{j=1}^{m} 频度_j} \times 100\%$$

$$重要值_j = \frac{相对密度_j + 相对盖度_j + 相对频度_j}{3}$$

多样性指数用于衡量植物群落中不同生活型的丰富程度和多样性。常用的多样性指数有香农-威纳指数、辛普森指数和毗卢(Pielou)均匀度指数等。这些指数通过计算群落中不同生活型的数量和比例,来反映群落的多样性水平。多样性指数越高,表示群落中生活型的种类越多,分布越均匀。

辛普森指数计算公式如下:

$$辛普森指数 = 1 - \sum_{i=1}^{m} p_i^2$$

式中,m 为总的物种数;p_i为第 i 个物种的个体数占群落中总个体数的比例。辛普森指数越大,表示群落多样性越高。

香农-威纳指数计算公式如下:

$$香农-威纳指数 = -\sum_{i=1}^{m} p_i \times \ln p_i$$

式中,m 为总的物种数;p_i为物种 i 的数量与总物种数的比值。

优势度用于描述植物群落中某一优势生活型对群落结构的影响程度。优势度通常通过计算优势种的相对重要值或优势度指数来衡量。优势种是指在群落中数量多、占据主导地位的生活型。通过计算优势度,我们可以了解优势种在群落中的地位和作用,以及它们对群落结构和功能的影响。设样方为 $i(i=1,2,\cdots,n)$,每一小样方面积为 s,每个样方出现的植物物种数为 $j(j=1,2,\cdots,m)$,则灌木和草本植物优势度计算公式如下:

$$株数_j = \sum_{i=1}^{n} n_{ij}$$

$$样方面积和 = n \times s$$

$$密度_j = \frac{株数_j}{样方面积和 \times 10000}$$

$$相对密度_j = \frac{密度_j}{\sum_{j=1}^{m} 密度_j} \times 100\%$$

$$盖度和_j = \sum_{i=1}^{n} 盖度_{ij} \times n_{ij}$$

$$相对盖度_j = \frac{盖度和_j}{\sum_{j=1}^{m} 盖度和_j} \times 100\%$$

$$频度_j = \frac{出现样方数_j}{n} \times 100\%$$

$$相对频度_j = \frac{频度_j}{\sum_{j=1}^{m} 频度_j} \times 100\%$$

$$优势度_M = \frac{相对密度_j + 相对盖度_j + 相对频度_j}{3}$$

综合应用这些指标，可以揭示植物群落中不同生活型的组成特点和相对重要性。例如，通过比较不同生活型的重要值，可以了解哪些生活型在群落中占主导地位，哪些生活型处于次要地位。通过多样性指数的分析，可以评估群落的多样性水平，了解群落的结构和稳定性。而优势度的计算则有助于深入了解群落中优势种的作用和影响力。总之，通过计算各个生活型的重要值、多样性指数和优势度，可以全面而深入地揭示植物群落中不同生活型的组成特点和相对重要性，这对于理解群落的结构和功能、评估生态系统的健康状况以及指导生态保护和管理具有重要意义。例如，郝文芳等人(2012)对黄土丘陵区天然群落的植物组成进行调查，发现不同群落的几类生活型相比的结果是各个群落存在相同的趋势，多年生草本植物占优势，重要值之和大于59.73%，其次是半灌木，一、二年生草本植物和灌木的比例均较小。群落内同一坡向不同坡位相比，一、二年生草本植物和灌木均是下坡位优于上坡位，而多年生草本植物和灌木的重要值却是上坡位大于下坡位。这反映了不同群落条件下植被生长的环境因子在发生复杂的变化，也是样地植物环境变化的强适应性外部表现。

不同群落类型植物生活型的重要值、不同群落类型植物生活型的多样性指数、不同群落类型植物生活型的优势度记录至表C-6、C-7、C-8(见附录)。

6.**生态解释**

生活型谱作为植物群落的一种重要属性，反映了植物对特定环境条件的适应和生存策略。根据生活型谱分析的结果并结合生态学理论，可以对植物群落的生态特征、适应性进行解释和推断，且通过比较不同群落植物的生活型谱，可以推断出它们的演替过程。

首先，植物群落的生态特征可以通过生活型谱的多样性来体现。在生态特征上，不同植物群落的生活型谱表现出明显的差异。例如，热带雨林群落的生活型谱通常呈现出高度的多样性和复杂性，这是由于热带雨林环境提供了丰富的生态位和资源，使得多种生活型的植物得以共存。相比之下，干旱地区的植物群落生活型谱则可能更趋向于简单和集中，因为干旱环境限制了植物的生长和繁衍，只有那些具备特殊适应机制的植物才能存活。

其次，生活型谱的分析可以帮助我们理解植物群落的适应性。植物的生活型是对环境长期适应的结果，它们通过调整自身的生长习性、生理特征和繁殖策略来适应不同的环境条件。例如，一些植物可能采取多年生策略，通过积累大量的生物量和养分来应对干旱或其他环境压力；而另一些植物则可能采取一年生策略，通过快速生长和繁衍来确保种群延续。这些不同的生活型选择反映了植物群落对环境条件的适应性和生存策略。

最后，通过比较不同群落植物的生活型谱，可以推断出它们的演替过程。植物群落的演替是一个动态的过程，它受到环境因素、种间关系以及种群动态等多种因素的影响。在生活型谱上，我们可以观察到群落演替的轨迹。例如，在演替初期，群落可能以一年生草本植物为主，随着土壤肥力的增加和环境的改善，多年生草本植物和灌木逐渐占据优势地位，最终形成稳定的森林群落。这一过程中，生活型谱的变化反映了群落演替的阶段和趋势。群落不可能只有一种生活型，同一气候条件下，群落中的个体间通常以一定频度分布的生活型构成群落的特征，同时，也可以通过比较生活型谱来观测控制群落的重要气候特征。

丁献华等人(2010)的研究表明，海拔的升高和纬度的增加常导致地面芽和地上芽植物的增加，但一年生种子植物减少。即使在同一个地点不同的群落，其生活型谱也有差异，主要是由于海拔和地形等的不同所致。研究区植物群落中，地面芽植物居多、高位芽植物次之、一年生种子植物也较多的生活型谱特征总体上反映了该区夏季温暖且多雨、冬季寒冷且漫长的气候特点。

3.6 实习内容十七：植物群落多样性格局分析

3.6.1 概述

植物群落多样性是指植物群落在组成、结构、功能和动态方面表现出的差异。植物群落多样性格局分析是对植物群落中物种多样性在不同时空分布模式变化下进行研究和分析的过程，它通常涉及以下几个方面：物种多样性指数计算、空间分布格局分析、时间动态分析和环境因子与多样性关系分析。

惠特克(Whittaker)在1960年提出了著名的生态学模型，这个模型提出了3个衡量物种多样性的不同层次，通常被称为α多样性、β多样性和γ多样性。α多样性：描述了单一群落内的物种丰富度和种类组成。β多样性：衡量群落中不同物种的丰富程度或不同群落间物种组成的差异。γ多样性：描述了一个特定群落内所有物种的总体多样性。

群落α多样性是指在群落内的物种多样性，关注的是一个特定群落内不同物种的多样性水平。群落β多样性可以定义为沿着某一环境梯度物种替代的程度或速率、物种周转率、生物变化速度等，还反映了不同群落或同一环境梯度上不同点之间的共有种变化。测度群落β多样性可以理解为表现生态系统中的不同群落的结构和功能以及其稳定性的差异。群落α多样性与群落β多样性一起构成了区域生物多样性(群落γ多样性)。

植物群落多样性格局分析是基于野外的植物群落的调查后评估植物群落内物种多样性和组成结构的一种方法。通过样方调查的方法记录样方信息与生态环境因子的信息,在数据整理后用数据矩阵的方阵对以上信息进行分组归类,可以分出不同的群落类型。为了描述不同的群落之间所具有的连续分布的关系,可以采用排序的方法。

总的来说,植物群落多样性格局分析旨在深入了解和描述植物群落中物种多样性的空间和时间变化规律,为生物多样性保护和生态系统管理提供科学依据。

3.6.2 实习工具

参照实习内容十二:植物群落野外定位监测。

3.6.3 实习步骤

1.固定样地建设

参照实习内容十二:植物群落野外定位监测。

2.植物群落调查

参照实习内容十二:植物群落野外定位监测。

3.环境数据的获取

获取环境因子并分别建立不同群落类型的环境因子数据库,包括样地的环境因子与土壤指标的测定。环境因子包括高程、坡度、剖面曲率和粗糙度等地形因子,土壤指标包括土壤有机碳含量、速效磷含量、速效钾含量和速效氮含量4个土壤养分因子。最后,建立不同群落的环境因子数据库。

关于土壤指标的测试,使用元素分析仪(UNICUBE trace,Elementar,德国)测定土壤有机碳含量;采用钼酸盐比色法测定土壤速效磷含量;采用速效仪(TFC-1B,中国强盛)测定土壤速效钾含量;采用碱水解扩散法测定土壤速效氮含量。

4.植物群落多样性测度

通过构建物种-样地多度矩阵,计算同一群落或者不同群落的多样性水平,探讨群落物种多样性的变化规律。

(1)群落α多样性:常见的指标包括物种丰富度(如物种数)和物种均匀度(如香农-威纳指数、辛普森指数、毗卢均匀度指数)(Simpson,1949;Shannon,1948)。丰富度指在特定区域内或生态系统中存在的不同物种的数量,丰富度越高,代表着该区域的生物多样性越丰富,意味着生态系统可能更加稳定和健康。均匀度是指一个群落或生境中全部物种个体数目的分配状况,它反映的是各物种个体数目分配的均匀程度。高均匀度意味着群落中各个物种之间的个体数量分布较为均匀,没有明显的优势物种。

辛普森指数计算公式如下：

$$辛普森指数 = 1 - \sum_{i=1}^{m} p_i^2$$

式中，m 为总的物种数；p_i 为第 i 个物种的个体数占群落中总个体数的比例。辛普森指数越大，表示群落多样性越高。

香农-威纳指数计算公式如下：

$$香农\text{-}威纳指数 = -\sum_{i=1}^{m} p_i \times \ln p_i$$

式中，m 为总的物种数；p_i 为物种 i 的数量与总物种数的比值。

毗卢均匀度指数计算公式如下：

$$毗卢均匀度指数 = \frac{H}{\ln m}$$

式中，H 为香农-威纳指数；m 为总的物种数。

总体来说，香农-威纳指数是衡量物种均匀度和丰富度的综合性指标；辛普森指数是衡量物种丰富度的指标，但是考虑了每个物种的丰度权重；毗卢均匀度指数是衡量物种均匀度的指标。

(2)群落 β 多样性：可以使用多种指标来评估不同群落之间的差异程度。以下是一些常用的指标。

①杰卡德(Jaccard)指数，用于比较群落之间的相似性与差异性。它计算两个群落中共同出现的物种数量与两个群落中所有出现的物种数量的比率。Jaccard 指数的值的范围在 0 到 1 之间，值越接近 1 表示两个群落之间的相似度越高。其计算方法如下：

$$杰卡德指数 = \frac{a}{a+b+c}$$

式中，a 为两个样地内共有的物种数量；b 和 c 是仅在第一个样地和第二个样地中出现的物种数量。

②布雷-柯蒂斯(Bray-Curtis)相异度，考虑了物种在不同群落中的相对丰度。它计算两个群落中所有物种丰度差异的总和，然后将其归一化。Bray-Curtis 相异度的值的范围在 0 到 1 之间，值越大表示两个群落之间的差异越大。其计算方法如下：

$$D = \frac{\sum_{i=1}^{P} |y_{ij} - y_{ik}|}{\sum_{i=1}^{P} (y_{ij} + y_{ik})}$$

式中，D 表示 Bray-Curtis 相异度；P 是物种数；y_{ij} 和 y_{ik} 表示两个样地中对应的物种多度。

3.7　实习内容十八：植物群落天然更新分析

3.7.1　概述

森林作为陆地生态系统中不可或缺的一部分，对于人类的生存至关重要。森林的自然更新状况对其后备资源的充足性具有决定性的影响。深入研究森林的更新情况，能够揭示其动态变化规律，并识别出影响森林更新及幼树生长的关键因素。这些研究成果对于制定科学的营林规划、指导林业生产及实施重点林业工程具有重大的指导意义（何嘉，2023）。

植物群落的天然更新是一个复杂且连续的生态过程，它涉及植物物种从种子成熟、进入土壤到萌发、生长，最后长成健壮个体的整个周期。这一过程是森林生态系统中乔木层物种组成的后备来源，也是群落自然形成乔、灌、草多层次结构以及多物种组成的必需环节。植物群落的天然更新还受到多种因素的影响。例如，林隙中幼苗建立后，群落环境的演变会为更多物种的生存和繁衍提供可能。

植物群落天然更新的分析主要依赖于植物生态学、群落生态学和种群生态学的相关原理和方法。首先，植物群落由多个独立的植物个体组合而成，其形成和布局受多方面因素的综合影响。这些影响因素包括但不限于植物种类的丰富程度、各类植物的相对数量占比、土壤的质量与特性、气候条件，以及动物和微生物等生态因素间的相互作用。随着时间的推移，植物群落在其特定的生态位上会发生一系列动态调整，这些变化与其所处的环境背景紧密相连。其次，植物群落的演替是一个至关重要的生态学概念，它详细描绘了植物群落如何随时间流转，从一个发展阶段逐步过渡到另一个发展阶段的动态过程。这个过程可以被细分成多个不同的阶段，每个阶段中都会有特定的植物物种占据主导位置，进而引发植物群落中物种构成和整体结构的相应变动（张传余 等，2011）。此外，火灾以及其他自然或人为的干扰事件同样占据着不可忽视的重要地位。这些干扰虽然可能暂时造成植物群落的损失，但同时也是生态系统更新与演替的关键驱动力。它们为新的植物物种创造了生长的空间和机会，从而促进了植物群落组成和结构的重新调整和变化。通过深入研究和理解这些因素，我们能更好地揭示植物群落的动态变化规律，为生态系统的管理和保护提供科学依据。

3.7.2　实习工具

参照实习内容十二：植物群落野外定位监测。

3.7.3　实习步骤

1. 固定样地建设

参照实习内容十二：植物群落野外定位监测。

2. 物种组成的调查与计算

物种组成是生态学研究的基础，它反映了某一地区或生态系统中所有生物种类的总和。调查物种组成通常包括以下几个步骤：

(1)样地选择与设置。根据研究目的和生态系统的特点，选择具有代表性的样地。样地的大小和数量需根据具体情况而定，以确保调查结果的准确性和可靠性。

(2)物种鉴定与记录。在样地内进行详细的物种调查和鉴定工作，记录每个物种的名称、数量、分布等信息。

(3)数据分析与整理。将调查得到的物种数据进行整理和分析，计算各物种在样地中的相对多度、频度等指标，以了解物种组成的特点。

3. 物种丰富度的调查与计算

物种丰富度是衡量一个群落或生态系统中物种数量的指标。调查物种丰富度的方法主要有以下几种。

1)直接计数法

直接计数法是通过观察和记录样地内的物种数量，直接计算物种丰富度。这种方法简单易行，但可能受到观察者主观因素的影响。

2)种-面积曲线法

种-面积曲线法是通过绘制物种数量与调查时间或调查面积的关系曲线，以评估物种丰富度的变化趋势。这种方法能够更全面地反映物种丰富度的实际情况。

4. 物种多样性的评估

物种多样性不仅要考虑物种的数量，还要考虑物种之间的相对多度和均匀度。评估物种多样性的方法主要包括以下几种。

(1)多样性指数法：利用各种多样性指数(如辛普森多样性指数、香农-威纳多样性指数等)来评估物种多样性。这些指数能够综合考虑物种的丰富度和均匀度，从而更全面地反映了物种多样性的水平。

(2)群落结构分析法：通过分析群落中不同物种之间的相互作用和关系，了解群落的结构和功能特点，进而评估物种多样性。

群落结构分析法是生态学研究中的重要方法，主要用于探究群落中不同物种之间的关系以及群落的整体结构特点。这种方法通过观察和测量群落内物种的数量、分布、相互关系以及与环境因素的相互作用，揭示群落的组成、空间格局和动态变化。首先，群落结构分析法强调对群落中所有生物的总和进行研究，包括生存在一起并与一定的生存条件相适应的动植物的总体。这种总和不仅仅是物种数量的简单叠加，而且考虑到了物种之间的相互作用、空间分布以及与环境因素的相互关系。其次，群落结构分析法关注群落中的垂直结构和水平结构。垂直结构是指群落中不同物种在空间上的垂直分布，如森林中的乔木层、灌木层、草本层等。水平结构则是指群落中各个种群在水平状态上的格局或片状分布。这些结构特点反映了群落中

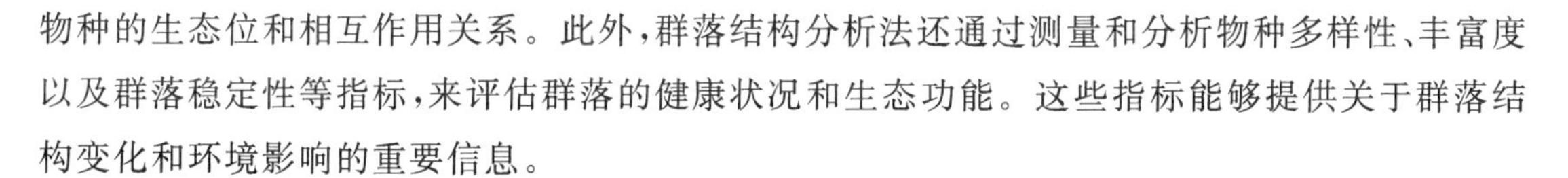

物种的生态位和相互作用关系。此外，群落结构分析法还通过测量和分析物种多样性、丰富度以及群落稳定性等指标，来评估群落的健康状况和生态功能。这些指标能够提供关于群落结构变化和环境影响的重要信息。

①物种多样性评估。

A. 物种多样性指数：利用特定的数学公式计算群落中物种的种类和数量的多样性。常用的指数包括辛普森指数和香农-威纳指数，它们能够反映群落的物种多样性和均匀度。指数值越高，表示群落的物种多样性越丰富，生态平衡状况越好。

B. 物种丰富度指数：通过统计群落中的物种总数来评估其丰富度。丰富的物种数量意味着群落具有更高的生态复杂性和稳定性。

C. 物种均匀度指数：考察不同物种在群落中的分布均匀程度，以评估群落中物种的多样性。

②物种丰富度评估。

A. 直接计数法：通过观察和记录群落中的物种数量来评估其丰富度。这种方法简单易行，但可能受到观察者主观因素的影响。

B. 种-面积曲线法：通过绘制物种数量与调查时间或调查面积的关系曲线，评估物种丰富度的变化趋势。曲线上升速度越快，表示群落中物种的丰富度越高。

③群落稳定性评估。

A. 时间序列分析：通过比较不同时间点的群落结构数据，分析群落结构的变化趋势和稳定性。如果群落结构在长时间内保持相对稳定，说明其具有较强的抗干扰能力和恢复能力。

B. 抗干扰能力测试：人为引入干扰因素（如环境变化、物种引入或移除等），观察群落结构的变化情况。如果群落能够迅速恢复到原来的状态，说明其稳定性较高。

5. 群落天然更新的调查与机制分析

群落天然更新是指群落中物种在时间和空间上的自然更替过程。调查群落天然更新的特点和机制需要关注以下几个方面。

（1）更新物种的鉴定与记录。通过观察和记录群落中新生个体的数量和种类，绘制种-面积曲线以及对物种多样性和丰富度进行评估，了解更新物种的特点和变化趋势。

（2）更新机制的分析。通过分析更新物种的来源（如种子传播、无性繁殖等）以及影响更新的环境因素（如光照、水分、土壤条件等），揭示群落天然更新的机制。

（3）更新动态的监测。通过长期监测群落中物种数量的变化和群落结构的演变，了解群落天然更新的动态过程和趋势。

6. 数据处理

（1）重要值计算。参照实习内容十四：植物群落组成与结构特征分析。

（2）物种多样性计算。参照实习内容十七：植物群落多样性格局分析。物种多样性计算包括辛普森多样性指数、香农-威纳多样性指数、物种丰富度指数等。

第4章 生态系统生态学

4.1 实习内容十九：生态系统碳储量估算

4.1.1 概述

生态系统碳储量是指生态系统中碳元素的储备量，其对全球碳循环和气候变化具有重要影响（杨元合 等，2022）。陆地生态系统作为全球重要的碳库，其碳储量在时间和空间上存在差异（史涵 等，2019；唐睿 等，2018）。目前，生态系统碳储量的研究主要集中在森林、草地、土壤和湿地生态系统上，这一领域一直是全球变化生态学和陆地生态系统碳循环研究的热点。准确估算陆地生态系统碳储量的时间演变规律和空间分布情况，是碳循环研究的重要课题。将不同类型生态系统的面积乘以相应类型碳密度，即得该生态系统碳储量。

对生态系统碳储量计算结果进行分析是非常重要的，它可以帮助我们更好地理解生态系统的碳循环过程、碳平衡状况以及影响因素。通过对生态系统碳储量计算结果的深入分析，可以揭示生态系统碳循环过程的复杂性和多样性，为生态系统管理、保护和气候变化适应性提供科学依据和决策支持。通过比较不同生态系统类型的碳储量水平，分析它们之间的差异和影响因素，可以帮助我们了解不同生态系统类型的碳储量分布情况，有助于揭示生态系统的碳循环特点。通过分析生态系统碳储量在空间上的分布特征，可以探讨碳储量的空间异质性和变化规律，揭示生态系统碳储量的分布格局，为生态系统管理和保护提供参考依据。通过分析生态系统碳储量在不同季节的变化情况，可以了解碳储量的季节性变化规律和影响因素，有助于揭示生态系统碳循环与季节气候变化之间的关联。通过对历史数据的比较和分析，评估生态系统碳储量的长期变化趋势，可以探讨气候变化、人为干扰等因素对碳储量的影响，且长期变化趋势分析可以为生态系统碳管理和气候变化适应性提供参考。通过分析碳储量与生态系统功能（如生物多样性、土壤质量、水循环等）之间的关系，可以探讨碳储量对生态系统功能的影响和作用机制，且通过研究碳储量与生态系统功能的关系，可以更好地理解生态系统的生态效益和服务功能。

1. 森林生态系统地上植被碳储量

森林生态系统作为陆地生态系统的核心，其碳储量占据了全球陆地碳储量的主体部分，超过70%,因而成了地球上无可替代的巨大碳汇。在维护全球碳平衡的过程中,森林生态系统扮演了举足轻重的角色。研究森林生态系统的碳循环和碳平衡,关键在于对森林植被碳储量的精确估算。这一估算过程主要依赖于对森林生物量及其动态变化的深入分析。当前主要有三种估算方法:样地清查法、基于卫星遥感数据估算和基于过程模型的方法(Piao et al.,2009)。

(1)样地清查法:通过实地调查数据估算生物量和碳储量,是经典的内部碳储量估算方法(Fang et al.,1998;Tang et al.,2018;方精云 等,1996)。通过对样地内植被的详细调查和测量,可以获取准确的碳储量数据,为森林生态系统的碳平衡研究提供重要支撑。

①方法原理:通过在不同类型的森林样地中设置样方,然后对样方内的植被进行详细的调查和测量,包括调查树种,测量树木的胸径、高度、树干体积等指标,以及测量地上部分和地下部分生物量,最后通过相应的公式计算出样地内的碳储量。

②样地设置:根据森林资源一类清查样地的起源(天然、人工)、森林类型(针叶林、阔叶林、针阔混交林、灌木林)和林龄(幼、中、近、成、过熟林)及树种等具体情况,采用典型取样法,每种类型抽取3个以上的样地。采用GPS定位,定位样点,统一标记并编号。乔木样方一般设置为20 m×20 m或者30 m×30 m。

③数据采集:在样地内进行详细的数据采集,包括测量树木的相关参数、植被生物量、枯落物等。通过精确的测量和记录,可以准确地估算出样地内的碳储量。

④碳储量计算:根据测量得到的数据,可以利用相应的碳密度系数和碳储量计算公式来计算出样地内的碳储量。通常根据不同树种和生物量部分(地上生物量或地下生物量),采用不同的计算方法来估算碳储量。

⑤数据分析:通过对样地清查数据进行分析,可以了解不同类型森林植被的碳储量水平和空间分布特征,揭示森林碳储量的变化规律和影响因素。

(2)基于卫星遥感数据估算:卫星遥感数据的方法借助现代技术如遥感技术(RS)、地理信息系统(GIS)和GPS对碳储量进行估算,是区域尺度和偏远地区森林碳储量估算的有效手段(Wulder et al.,2012)。遥感数据类型包括光学、合成孔径雷达(SAR)和激光雷达(LiDAR)数据。

(3)基于过程模型的方法:利用数学模型模拟森林生态系统碳循环过程,结合关键影响因素估算植被碳储量(刘腾艳,2019)。这种方法适用于大尺度研究,包括地统计建模和机理建模两种。

2.土壤生态系统碳储量

目前,国内关于土壤生态系统碳储量的估算通常采用直接法和间接法。这两种方法在土壤碳储量研究中有其各自的特点和适用范围。

(1)直接估算法:通过采集土壤样品,进行实验室分析,直接测量土壤中的有机碳和无机碳含量来估算土壤碳储量,其精确度在很大程度上取决于有机碳含量。这种方法主要用于估算生态系统尺度的土壤有机碳含量,包括基于土壤类型和基于生态系统类型的两种估算方法(Pan et al.,2011)。基于生态系统类型的估算方法,侧重于生态系统功能单元的划分。根据生命带的分布，即不同生物群落和生态过程所构成的特定地域单元，来估算各生命带或生态系统内土壤有机碳的密度。进而，通过将这一密度值与该生命带或生态系统的面积相乘，得到该区域土壤有机碳的总储量(Sun et al.，2020)。直接估算法的优点在于测量结果准确可靠，能够提供详细的土壤碳储量数据，适用于小范围的土壤碳储量研究。

(2)间接估算法：构建土壤碳储量与土壤属性及环境因素之间的紧密关联，进而采用统计模型或遥感技术等间接手段来量化土壤碳储量。间接法因其广泛的适用性而备受青睐，特别是在区域尺度的土壤有机碳储量估算中，其优势尤为显著。这种方法能在广阔的地域范围内快速而准确地估算土壤碳储量，极大地提升了估算的效率和适用性。具体而言，间接法包括模型估算法和 GIS 估算法。模型估算法以生态系统碳循环模型为基础，深入剖析土壤有机碳密度与多种生态因子(如环境因素、气候因素、土壤特性和地形等)之间的内在联系，并通过建立回归模型来预测和估算区域森林土壤的有机碳储量。

GIS 估算法依托地理信息系统技术，对土壤碳储量进行精确估算。首先，通过地理信息系统软件，将土壤分布图转化为数字化的土壤空间数据库，以土壤属性为单位进行空间数据的组织与管理。其次，深入分析每个土壤属性内部不同土层的有机碳储存情况，计算其有机碳密度。为了获得更为准确的土壤属性数据，选取代表性土壤剖面，按照土壤的自然发生层进行样品采集。这些样品包括有机碳密度、土层深度和土壤容重等关键参数，随后在实验室内进行详细的检测与计算。通过这一步骤，能够获得每个土壤发生层的平均有机碳密度、平均土层深度和平均土壤容重等生态学参数，进而构建完整的土壤有机质数据库。最后，利用 GIS 的空间分析功能，结合土壤空间数据库和土壤有机质数据库，对各类土壤的有机碳储量进行估算。

在国内的土壤生态系统碳储量研究中，直接法和间接法常常结合使用，以获取更全面和准确的土壤碳储量数据。这两种方法的综合应用可以更好地了解土壤碳储量的空间分布特征、变化规律，为土壤生态系统的碳平衡研究提供科学依据。同时，不同的土壤类型和生态系统特征可能需要选择不同的方法进行碳储量估算，以确保研究结果的准确性和可靠性。

4.1.2 基本要求

(1)了解生物碳储量的基本概念，包括植物、土壤等，学习如何测量和评估生物碳储量。

(2)学习在野外环境中进行生物碳储量调查和采样的技能，掌握正确的工具使用方法和采样方法，以获取准确的数据。

(3)学习如何处理和分析采集到的生物碳储量数据，使用统计工具和软件进行数据分析，生成报告并用图表展示结果。

4.1.3 实习工具

1.收集工具

尼龙袋；信封；镊子；手套；保鲜袋(自封袋)；高枝剪；土钻。

2. 测量工具

RTK;卷尺;尼龙绳;胸径尺;钢卷尺;游标卡尺。

3. 记录工具

记录表;塑料标签;PVC 管;记号笔;铅笔。

4. 内业实验工具

天平;烘箱;托盘。

4.1.4 实习方法

1. 固定样地建设

参照实习内容十二:植物群落野外定位监测。

2. 植物群落调查

参照实习内容十二:植物群落野外定位监测。

3. 土壤样品采集及处理

以图 4-1 中 30 m×30 m 的样地为例,在样地内采用五点取样法,分别在四个极点分布的样方以及中心样方进行取样(见图 4-1)。

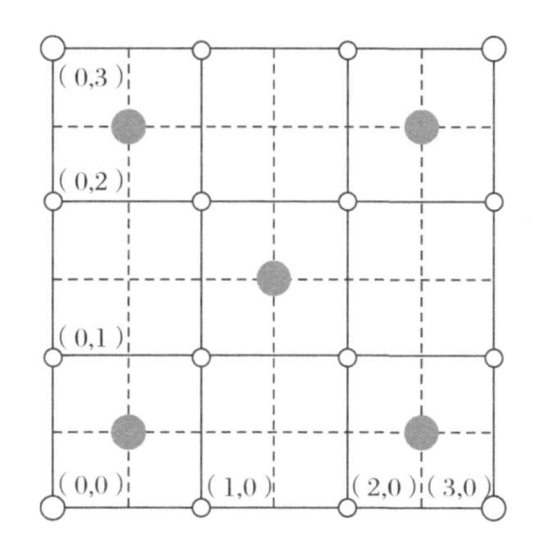

图 4-1 样地中土壤取样地点示意图

根据土层厚度可使用勺子、铁锹、锄头、土钻等工具进行土样采集并分袋保存,在每个样方采集土样时,首先,要保证采样工具不带铁锈和其他土样;其次,每个样方进行取样时,需要将采集工具处理干净,避免对土样产生影响;最后,采集的土样若不能及时进行处理,需要在 4 ℃的冰箱内进行冷藏保存,避免土样脱水影响后续的指标测定。在实验室中,这些土壤样本首先会经过风干,去除其中的杂质,然后进行研磨和过筛,以确保测定的准确性。接着,分别测定土壤的全碳和有机碳含量,这是了解土壤碳储量状况的关键步骤。注意,在处理过程中,采用环刀法测量土壤容重,按 5 cm 为一层进行分层取样,因地区土层较薄，故而分为3层；将这些土壤样品在105 ℃的环境下烘干48 h，直至达到恒重状态，同时记录其质量。随后，剔除土壤中直径≥2 mm的砾石，并分别称重，方便后续测定。

4.植被生物量样品采集及处理

采集地面上的活体植物及其凋落物样本，将这些样本进行标记并分别放入专门的样品袋中，以便后续处理。随后将样品运送到实验室，在恒定的65 ℃环境下烘干，直到样本达到恒重状态，同时详细记录每个样本的质量。地下生物量采用根钻法进行测量，在样地对角线方向上进行分层取样，并将同层的样本混合在一起。在实验室中对样本进行清洗处理，将其装入纸质样品袋中再次进行烘干，直至达到恒重，同样详细记录样本重量。烘干完成后，对样本进行粉碎处理，以便进行后续的碳含量测定。

对各树种（或树种组）进行检尺，通过二元立木材积式计算各样木材蓄积/生物量，汇总得到样地蓄积/生物量（分别精确到0.1 m^3和0.01 t）。计算公式如下：

$$公顷蓄积(m^3/hm^2)=样地蓄积(m^3)\div样地面积(hm^2)$$

$$公顷碳储量(t/hm^2)=样地碳储量(t)\div样地面积(hm^2)$$

$$碳层碳储量(t)=碳层面积(hm^2)\times公顷碳储量(t/hm^2)$$

分立木类型计算样地株数、公顷株数：

$$公顷株数(株/hm^2)=样地株数(株)\div样地面积(hm^2)$$

(1)灌木层碳库监测（和乔木层调查同时进行，胸径小于5 cm的林木作为灌木处理）。第一，通过样地调查确定样地内所有灌木的地径(d)和树高(h)。第二，利用灌木生物量模型计算每株灌木生物量，如果生物量模型不含地下部分，则通过地下生物量/地上生物量的比例关系计算单株灌木总的生物量，再累积到样地水平生物量和碳储量；如果没有生物量模型，可以利用平均标准木法估算样地水平生物量和碳储量。第三，计算项目各碳层灌木的平均单位面积碳储量、项目边界内单位面积灌木生物质碳储量及边界内灌木层生物质碳储量。

(2)草本层碳库监测。第一，用收获法测定三个小样方内草本层的地上、地下生物量。如果只测定了地上部分，则通过地下生物量/地上生物量的比例关系计算小样方总的生物量。第二，将草本小样方生物量累积到样地水平生物量和碳储量。第三，计算项目各碳层草本的平均单位面积碳储量、项目边界内草本单位面积林分生物质碳储量及边界内草本层林分生物质碳储量。

(3)枯死木碳库监测。可采用《森林经营碳汇项目方法学（版本号V01）》中所述的事前估计方法进行估计，也可采用本方法进行实测估计。实测时，应按枯立木和枯倒木分别进行测定和计算。对于连根拔起的倒木，应按枯立木来计算。枯落物碳储量测定采用小样方收获法，测定方法与草本层基本一致，可与草本层测定同步进行。

5.碳储量计算

(1)乔木层地上部分碳储量。乔木层地上部分碳储量计算公式如下：

$$C_{乔木地上部分} = \sum_{k=1}^{n}(B_{乔木地上部分,k} \times CF_{乔木,k}) \times S \quad (4-1)$$

式中，$C_{乔木地上部分}$代表乔木地上部分生物质碳储量，单位为吨碳(tC)；k代表组成林分的树种；$B_{乔木地上部分,k}$代表林分中树种k的平均单位面积地上生物量，单位为吨干物质/公顷(t. d. m/hm²)；$CF_{乔木,k}$代表树种k的含碳率，单位为吨碳/吨干物质(tC/t. d. m)；S代表林分面积，单位为公顷(hm²)。根据碳库调查所获得的各树种测树因子的数据，采用以下公式计算$B_{乔木地上部分,k}$：

$$B_{乔木地上部分,k} = f_k(x1_k, x2_k, x3_k, \cdots) \quad (4-2)$$

式中，$f_k(x1_k, x2_k, x3_k, \cdots)$代表将测树因子(一般为胸径、地径或树高等)转化为地上生物量的回归方程。

(2)未发布生物量模型及碳汇计量参数的树种。按顺序选择以下方法获得：第一，采用森林生态系统碳库调查及测定获得的各树种平均单位面积地上生物量；第二，采用森林生态系统碳库调查及测定获得的各树种单位面积蓄积量、树种的基本木材密度以及生物量扩展因子，采用以下公式：

$$B_{乔木地上部分,k} = V_{乔木,k} \times WD_{乔木,k} \times BEF_{乔木,k} \quad (4-3)$$

式中，$V_{乔木,k}$代表树种k单位面积蓄积量，单位为立方米/公顷(m³/hm²)；$WD_{乔木,k}$代表树种k的基本木材密度，单位为吨干物质/立方米(t. d. m/m³)；$BEF_{乔木,k}$代表树种k的生物量扩展因子，无量纲。采用森林生态系统碳库调查及测定获得的各树种单位面积蓄积量，并根据树种选择表4－1与表4－2中提供的WD和BEF值，采用公式(4－3)计算，即可得到$B_{乔木地上部分,k}$。

表4－1　各主要优势种(组)按龄组划分的生物量扩展因子(BEF)

优势树种	BEF					
	幼龄	中龄	近熟	成熟	过熟	全部
桉树	1.297	1.178	1.165	1.138	1.151	1.263
柏木	1.847	1.497	1.233	1.245	1.535	1.732
檫木	1.427	1.762	1.636	1.198	1.384	1.483
池杉	1.22	1.216	1.218	1.217	1.217	1.218
椴树	1.407	1.407	1.407	1.407	1.407	1.407
枫香	2.23	1.347	1.142	1.245	1.193	1.765
国外松	1.881	1.461	1.456	1.2	1.416	1.631
华山松	1.808	1.83	1.679	1.755	1.717	1.785
桦木	1.526	1.395	1.252	1.109	1.18	1.424
火炬松	1.881	1.461	1.456	1.2	1.416	1.631
阔叶混	1.514	1.514	1.514	1.514	1.514	1.514
冷杉	1.328	1.339	1.334	1.31	1.286	1.316
栎类	1.38	1.327	1.36	1.474	1.587	1.355
楝树	1.729	1.489	1.254	1.432	1.559	1.586

表 4－2　各主要优势种(组)按龄组划分的生物量转换参数

优势树种(组)	地下生物量与地上生物量的比值						木材密度/(t. d. m/m³)	含碳率/(tC/t. d. m)
	幼龄	中龄	近熟	成熟	过熟	全部	全部	全部
桉树	0.219	0.221	0.181	0.27	0.226	0.221	0.578	0.525
柏木	0.218	0.233	0.329	0.384	0.365	0.22	0.478	0.51
檫木	0.308	0.347	0.305	0.263	0.199	0.27	0.477	0.485
池杉	0.436	0.434	0.435	0.434	0.435	0.435	0.359	0.503
椴树	0.201	0.201	0.201	0.201	0.201	0.201	0.42	0.439
枫香	0.413	0.313	0.214	0.263	0.239	0.398	0.598	0.497
国外松	0.213	0.216	0.202	0.217	0.284	0.206	0.424	0.511
华山松	0.162	0.182	0.171	0.177	0.174	0.17	0.396	0.523
桦木	0.229	0.279	0.235	0.19	0.212	0.248	0.541	0.491
火炬松	0.213	0.216	0.202	0.217	0.284	0.206	0.424	0.511
阔叶混	0.262	0.262	0.262	0.262	0.262	0.262	0.482	0.49
冷杉	0.169	0.163	0.166	0.165	0.181	0.174	0.366	0.5
栎类	0.26	0.275	0.41	0.281	0.153	0.292	0.676	0.5
楝树	0.278	0.282	0.276	0.412	0.31	0.289	0.443	0.485
桉树	0.219	0.221	0.181	0.27	0.226	0.221	0.578	0.525

公式(4－1)中树种 k 的含碳率应按顺序选择以下方式获得：第一，采用森林生态系统碳库调查及树种含碳率测定的结果；第二，根据树种选择表 4－2 中提供的含碳率值；第三，采用缺省值 0.5 tC/t. d. m。

(3)灌木层地上部分碳储量。应根据灌木地上部分平均单位面积生物量、灌木含碳率以及林分面积采用以下公式获得：

$$C_{灌木地上部分} = B_{灌木地上部分,k} \times CF_{灌木,k} \times S \quad (4-4)$$

式中，$C_{灌木地上部分}$代表灌木地上部分生物质碳储量，单位为吨碳(tC)；$B_{灌木地上部分,k}$代表林分中树种 k 的平均单位面积地上生物量，单位为吨干物质/公顷(t. d. m/hm²)；$CF_{灌木,k}$代表树种 k 的含碳率，单位为吨碳/吨干物质(tC/t. d. m)；S 代表林分面积，单位为公顷(hm²)。

公式(4－4)中的灌木层地上部分平均单位面积生物量和灌木含碳率应按顺序选择以下两种方法获得：第一，采用碳库调查及测定结果；第二，灌木地上部分单位面积生物量采用缺省值 12.51 t. d. m/hm²，灌木含碳率采用缺省值 0.47 tC/t. d. m。

(4)草本层地上部分碳储量。应根据草本地上部分平均单位面积生物量、草本植物平均含碳率及林分面积采用以下公式获得：

$$C_{草本地上部分} = B_{草本地上部分,k} \times CF_{草本,k} \times S \quad (4-5)$$

式中，$C_{草本地上部分}$代表草本地上部分生物质碳储量，单位为吨碳(tC)；$B_{草本地上部分,k}$代表草本植物

k 的平均单位面积地上生物量，单位为吨干物质/公顷(t. d. m/hm^2)；$CF_{草本,k}$代表草本植物k 的含碳率，单位为吨碳/吨干物质(tC/t. d. m)；S 代表林分面积，单位为公顷(hm^2)。

(5)森林生态系统地上部分生物质碳储量。该部分碳储量为乔木层、灌木层及草本层的地上部分碳储量之和，采用以下公式计算：

$$C_{地上部分碳储量}=C_{乔木地上部分}+C_{灌木地上部分}+C_{草本地上部分} \quad (4-6)$$

式中，$C_{地上部分碳储量}$代表地上生物质碳储量，单位为吨碳(tC)。

(6)乔木层地下部分碳储量。应根据组成林分各树种的单位面积地下生物量、树种含碳率及林分面积，采用以下公式获得：

$$C_{乔木地下部分}=\sum_{k=1}^{n}(B_{乔木地下部分,k}\times CF_{乔木,k})\times S \quad (4-7)$$

式中，$C_{乔木地下部分}$代表乔木地下部分生物质碳储量，单位为吨碳(tC)；k 代表组成林分的树种；$B_{乔木地下部分,k}$代表林分中树种 k 的平均单位面积地上生物量，单位为吨干物质/公顷(t. d. m/hm^2)；$CF_{乔木,k}$代表树种 k 的含碳率，单位为吨碳/吨干物质(tC/t. d. m)；S 代表林分面积，单位为公顷(hm^2)。

公式(4－7)中的 $B_{乔木地下部分,k}$应按顺序选择以下方式获得：第一，采用森林生态系统碳库调查获得的各树种的平均单位面积地下生物量结果；第二，根据树种选择表4－2中提供的地下部分生物量与地上部分生物量的比值 R，通过以下公式获得：

$$B_{乔木地下部分,k}=B_{乔木地上部分,k}\times R_k \quad (4-8)$$

式中，R_k代表树种 k 地下生物量与地上生物量的比值，无量纲；第三，采用公式(4－8)，R_k缺省值取 0.236。

(7)灌木层地下部分碳储量。应根据灌木地下部分平均单位面积生物量、灌木含碳率以及林分面积，采用以下公式计算：

$$C_{灌木地下部分}=B_{灌木地下部分,k}\times CF_{灌木,k}\times S \quad (4-9)$$

式中，$C_{灌木地下部分}$代表灌木地下部分生物质碳储量，单位为吨碳(tC)；$B_{灌木地下部分,k}$代表林分中树种 k 的平均单位面积地下生物量，单位为吨干物质/公顷(t. d. m/hm^2)；$CF_{灌木,k}$代表树种 k 的含碳率，单位为吨碳/吨干物质(tC/t. d. m)；S 代表林分面积，单位为公顷(hm^2)。

公式(4－9)中的灌木平均单位面积地下生物量和平均含碳率应按顺序选择以下两种方法获得：第一，根据森林生态系统碳库调查获得的灌木平均单位面积地下生物量结果及灌木含碳率的测定结果；第二，$B_{灌木地下部分,k}$采用缺省值 6.721 t. d. m/hm^2，$CF_{灌木,k}$采用缺省值 0.47 tC/t. d. m。

(8)草本层地下部分碳储量。应根据草本地下部分平均单位面积生物量、草本植物含碳率及林分面积采用以下公式获得：

$$C_{草本地下部分}=B_{草本地下部分,k}\times CF_{草本,k}\times S \quad (4-10)$$

式中，$C_{草本地下部分}$代表草本地下部分生物质碳储量，单位为吨碳(tC)；$B_{草本地下部分,k}$代表林分中草本植物 k 的平均单位面积地下生物量，单位为吨干物质/公顷(t. d. m/hm^2)；$CF_{草本,k}$代表草本植物 k 的含碳率，单位为吨碳/吨干物质(tC/t. d. m)；S 代表林分面积，单位为公顷(hm^2)。

(9)森林生态系统地下部分生物质碳储量。该部分碳储量为上述乔木层、灌木层及草本层的地下部分碳储量之和,计算公式如下:

$$C_{地下部分碳储量} = C_{乔木地下部分} + C_{灌木地下部分} + C_{草本地下部分} \quad (4-11)$$

式中,$C_{地下部分碳储量}$代表地下生物质碳储量,单位为吨碳(tC)。

(10)森林生态系统枯落物碳储量。应根据林地枯落物平均单位面积生物量、枯落物含碳率以及林分面积,采用以下公式计算:

$$C_{枯落物} = B_{枯落物} \times CF_{枯落物} \times S \quad (4-12)$$

式中,$C_{枯落物}$代表枯落物碳储量,单位为吨碳(tC);$B_{枯落物}$代表林分中枯落物平均单位面积生物量,单位为吨干物质/公顷(t.d.m/hm^2);$CF_{枯落物}$代表枯落物平均含碳率,单位为吨碳/吨干物质(tC/t.d.m);S代表林分面积,单位为公顷(hm^2)。

公式(4-12)中的枯落物平均单位面积生物量和枯落物平均含碳率应按顺序选择以下方法获得:第一,采用森林生态系统碳库调查及测定结果;第二,枯落物平均含碳率采用缺省值0.37 tC/t.d.m,枯落物生物量根据森林类型选择表4-3和表4-4提供的估计值,并采用下列公式获得:

$$B_{枯落物} = \left(\sum_{k=1}^{n} B_{乔木地上部分,k} + B_{灌木地上部分,k} + B_{草本地上部分,k}\right) \times DF_{枯落物} \quad (4-13)$$

式中,$DF_{枯落物}$代表枯落物生物量占地上生物量的比例(%)。

表4-3 主要优势种(组)生物量转换参数

优势树种(组)	含碳率/(tC/t.d.m)	地下生物量与地上比值	木材密度/(t.d.m/m^3)	生物量扩展因子
柏木	0.51	0.22	0.478	1.732
檫木	0.485	0.27	0.477	1.483
枫香	0.497	0.398	0.598	1.765
华山松	0.523	0.17	0.396	1.785
桦木	0.491	0.248	0.541	1.424
阔叶混	0.49	0.262	0.482	1.514
栎类	0.5	0.292	0.676	1.355
楝树	0.485	0.289	0.443	1.586
柳杉	0.524	0.267	0.294	2.593
柳树	0.485	0.288	0.443	1.821
马尾松	0.46	0.187	0.38	1.472
木荷	0.497	0.258	0.598	1.894
楠木	0.503	0.264	0.477	1.639
泡桐	0.47	0.247	0.443	1.833
其他杉类	0.51	0.277	0.359	1.667
软阔类	0.485	0.289	0.443	1.586

续表

优势树种(组)	含碳率/(tC/t. d. m)	地下生物量与地上比值	木材密度/(t. d. m/m³)	生物量扩展因子
杉木	0.52	0.246	0.307	1.634
湿地松	0.511	0.264	0.424	1.614
水杉	0.501	0.319	0.278	1.506
桐类	0.47	0.269	0.239	1.926
杨树	0.496	0.227	0.378	1.446
硬阔类	0.497	0.261	0.598	1.674
榆树	0.497	0.621	0.598	1.671
云南松	0.511	0.146	0.483	1.619
樟树	0.492	0.275	0.46	1.412
针阔混	0.498	0.248	0.486	1.656
针叶混	0.51	0.267	0.405	1.587

表 4-4 各林地类型的枯落物生物量占地上生物量的比例

森林类型	估计值/%	样本数	标准差	95%置信区间	
				下限	上限
马尾松林	6.024	36	5.053	4.314	7.733
其他松类	9.815	13	5.325	6.598	13.033
杉木林	5.086	171	3.735	4.523	5.65
柏木林	3.874	16	5.748	0.811	6.937
栎类	8.874	20	11.653	3.42	14.328
桦木林	22.976	15	40.363	0.624	45.328
其他硬阔类	7.138	30	5.832	4.961	9.316
刺槐林	9.883	9	5.792	5.431	14.335
桉树林	13.1	24	9.36	9.148	17.053
其他软阔类	8.574	27	6.975	5.815	11.333
针叶混	15.466	5	9.146	4.11	26.822
阔叶混	11.414	31	14.111	6.238	16.59
针阔混-亚热带	7.309	33	4.649	5.66	8.957
经济林	13.94	10	12.772	4.803	23.077
灌木林	32.049	60	50.935	18.891	45.207

(11)森林生态系统枯死木碳储量。枯死木包括枯立木和枯倒木。森林生态系统枯死木碳库碳储量应根据林地枯死木平均单位面积生物量、枯死木含碳率以及林分面积,采用以下公式计算:

$$C_{枯死木} = B_{枯死木} \times CF_{枯死木} \times S \tag{4-14}$$

式中,$C_{枯死木}$代表枯死木碳储量,单位为吨碳(tC);$B_{枯死木}$代表林分中枯死木平均单位面积生物量,单位为吨干物质/公顷(t. d. m/hm^2);$CF_{枯死木}$代表枯死木平均含碳率,单位为吨碳/吨干物质(tC/t. d. m);S代表林分面积,单位为公顷(hm^2)。

公式(4-14)中的枯死木平均单位面积生物量和平均含碳率应按顺序选择以下两种方法获得:第一,采用森林生态系统碳库调查及测定结果;第二,枯死木平均含碳率采用缺省值0.37 tC/t. d. m,采用以下公式计算:

$$B_{枯死木} = \left(\sum_{k=1}^{n} B_{乔木地上部分,k}\right) \times DF_{DW} \tag{4-15}$$

式中,DF_{DW}代表林分中枯死木生物量占乔木地上生物量的比例(%),缺省值可采用1.88%。

(12)森林生态系统碳库碳储量。根据土壤有机碳密度及林分面积进行计算。单位面积土壤有机碳密度按以下公式计算:

$$C_{土壤} = \left(\sum_{i=1}^{k} SOCD_i\right) \times S \times (1-r) \tag{4-16}$$

式中,$C_{土壤}$代表土壤碳储量,单位为吨碳(tC);$SOCD_i$代表第i(i=1,2,3,…,k)层土壤有机碳密度,单位为吨碳/公顷(tC/hm^2);k代表土壤层次;r代表样地岩石裸露率,无量纲;S代表林分面积,单位为公顷(hm^2)。林分中土壤有机碳密度,可按顺序采用以下方式获得:第一,采用森林生态系统碳库调查及测定结果;第二,根据下列公式计算:

$$SOCD_i = C_i \times D_i \times E_i \times (1-G_i) \div 10 \tag{4-17}$$

式中,$SOCD_i$代表第i(i=1,2,3,…,k)层土壤有机碳密度,单位为吨碳/公顷(tC/hm^2);C_i代表第i层土壤的平均有机碳含量,单位为克碳/千克(gC/kg);D_i代表第i层土壤容重,单位为克/立方厘米(g/cm^3);E_i代表第i层土壤厚度,单位为厘米(cm);G_i代表第i层土壤直径大于2 mm的砾石、根茎和其他枯木残余物所占的百分比(%)。

(13)总碳储量。监测时间t_i时的总碳储量为森林生态系统中的地上活体植物生物质、地下活体植物生物质、枯落物、枯死木及土壤等五个碳库碳储量的总和,按下列公式计算:

$$C_{总碳储量,t_i} = C_{地上部分碳储量,t_i} + C_{地下部分碳储量,t_i} + C_{枯落物,t_i} + C_{枯死木,t_i} + C_{土壤,t_i} \tag{4-18}$$

式中,$C_{总碳储量,t_i}$代表监测时间t_i时的总碳储量,单位为吨碳(tC);$C_{地上部分碳储量,t_i}$代表监测时间t_i时的地上部分生物质总碳储量,单位为吨碳(tC);$C_{地下部分碳储量,t_i}$代表监测时间t_i时的地下部分生物质总碳储量,单位为吨碳(tC);$C_{枯落物,t_i}$代表监测时间t_i时的枯落物总碳储量,单位为吨碳(tC);$C_{枯死木,t_i}$代表监测时间t_i时的枯死木总碳储量,单位为吨碳(tC);$C_{土壤,t_i}$代表监测时间t_i时的土壤总碳储量,单位为吨碳(tC);i为计入期内第1,2,3,…,n的监测时间。

4.2 实习内容二十:生态系统初级生产力的测定

4.2.1 概述

生态系统生产力包括初级生产力和次级生产力。初级生产力(primary productivity)即自养生物通过光合作用或化学合成制造有机物的速率。初级生产力,包括总初级生产力(gross primary productivity)和净初级生产力(net primary productivity,NPP)。前者是指自养生物生产的有机总碳量;后者是总初级生产力扣除自养生物在测定阶段中呼吸消耗掉的量(沈国英等,2002)。总的来说,初级生产力和次级生产力是生态系统生产力的两个重要组成部分,它们共同维持着生态系统的稳定和生物多样性的发展。

4.2.2 基本要求

(1)了解生态系统生产力是指生态系统单位面积或休积内生物量的增长速率,包括初级生产力和次级生产力,学习生态系统初级生产力的测定方法和指标,探讨生态系统中能量流动和物质循环的关系。

(2)学习在自然环境中进行生态系统生产力测定的野外调查和实验设计,掌握野外数据采集技能和实验操作,以获取准确的生态系统生产力数据。

(3)学习如何处理、计算和分析生态系统初级生产力数据,使用统计工具和软件进行数据分析,评估生态系统的初级生产力水平和变化趋势。

4.2.3 实习工具

参照实习内容十九:生态系统碳储量估算。

4.2.4 实习方法

1.固定样地建设

参照实习内容十二:植物群落野外定位监测。

2.植物群落调查

参照实习内容十二:植物群落野外定位监测。

3.土壤样品采集及处理

参照实习内容十九:生态系统碳储量估算。

4.收获量测定法

收获量测定法常用于估算陆地生态系统中的农作物和牧草等的生产力。使用这种方法时,要定期地把所测植物收割下来并对它们进行称重(干重),烘成恒重后,该重量便可代表单位时间内的净初级生产量。此法主要适合于中等高度的植物群落，如一年生植物。

在农业、渔业或其他资源管理中，收获量测定法通常用于估算某一特定区域内某种作物或资源的总收获量。其计算公式和详细解释可以因不同的应用领域和具体情况而有所不同，但基本的计算原理是相似的。其计算公式如下：

$$总收获量=单位面积收获量\times收获面积$$

在某些情况下，可能需要考虑不同区域的产量差异，即

$$总收获量=\sum(各区域单位面积收获量\times各区域面积)$$

式中，单位面积收获量是指在单位面积（如 1 m^2 或 1 hm^2）上收获的作物或资源的数量。这个数值通常是通过在试验田中选取具有代表性的小块区域（称为"样方"或"测产小区"）进行测量得到的。收获面积是指总的种植面积或捕捞面积。在农业中，这通常指的是种植了作物的土地面积；在渔业中，则可能是某个水域的面积。收获面积可以通过测量或估算得到。在实际情况中，不同区域的产量可能会因为土壤、气候、管理等因素而有所差异。因此，在进行收获量测定时，可能需要将收获区域划分为若干个子区域（如不同地块、不同地块内的不同部分等），并分别测量每个子区域的单位面积收获量。然后，将各子区域的单位面积收获量乘以相应的面积，并将结果相加，得到总收获量。

5.**氧气测定法**

氧气测定法即黑白瓶法，可有效测定水中生物光合作用和呼吸作用对氧气的影响，多用于水生生态系统初级生产力的测定。首先，从池塘、湖泊或海水的一定深度采集含有自养生物（如藻类）的水样。这些水样中通常也包含一些异养生物，如细菌和浮游动物。其次，将水样分装到成对的透明和黑色小样瓶中，样瓶的容积一般为 125～300 mL。透明瓶（白瓶）允许光线透过，瓶内的生物可以进行光合作用；而黑色瓶（黑瓶）不透光，瓶内的生物不能进行光合作用，但可以进行呼吸作用。将这对样瓶同时悬浮在水体中，置于原水样所在的深度，并放置一段时间（4～24 h）。放置结束后，取出样瓶，使用标准的化学滴定法或电子检测器测定白瓶和黑瓶中的含氧量。通过比较初始和最终含氧量的差异，可以计算出白瓶中的净光合作用量（即光合作用产生的氧气减去呼吸作用消耗的氧气）和净光合作用率。最后，结合黑瓶和白瓶的测氧数据，利用光合作用方程可以计算出总初级生产力，即单位时间内生物通过光合作用产生的总有机物的量。

（1）原理。根据黑、白瓶的溶氧变化来推算初级生产力。

①黑瓶：只有耗氧过程，溶氧量不断降低。

②白瓶：放氧和耗氧过程同时进行。

③初始瓶：测定前水体的溶氧量。

（2）测定方法。测定时，将黑瓶、白瓶和对照瓶放入水域的同一深度，经过一定时间（常为 24 h），将其提取出进行溶氧测定，根据三种瓶的溶氧量，可估算光合作用量和呼吸量。水体初级生产力计算公式如下：

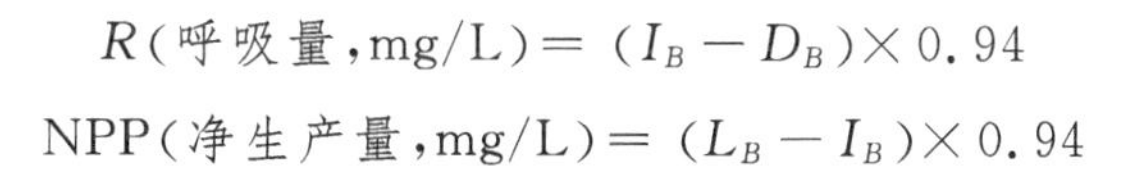

$$R(\text{呼吸量},\mathrm{mg/L}) = (I_B - D_B)\times 0.94$$

$$\mathrm{NPP}(\text{净生产量},\mathrm{mg/L}) = (L_B - I_B)\times 0.94$$

式中，I_B 为初始溶氧量；D_B 为黑瓶溶氧量；L_B 为白瓶溶氧量。

6. CO_2**测定法**

CO_2测定法是一种基于光合作用吸收 CO_2 和呼吸作用释放 CO_2 的原理计算初级生产力的方法。使用时，可用塑料薄膜将群落的一部分罩起来，测定进入和排出空气中的 CO_2 含量，或用暗罩和透明罩，也可用夜间无光条件下的 CO_2 增加量来估计呼吸量。测定空气中 CO_2 含量的仪器是红外气体分析仪，也可用经典的 KOH 吸收法。以下是 CO_2 测定法计算初级生产力的详细步骤和公式。

(1)设置实验装置。使用塑料罩将群落的一部分遮住，形成一个封闭的空间。这个空间内包括植物、水体或其他生物群落。

(2)测定初始 CO_2 浓度。在实验开始前，测定封闭空间内的初始 CO_2 浓度。这可以通过将空气样本抽取到气体分析仪中进行测量来完成。

(3)等待光合作用进行。让实验装置在光照条件下运行一段时间，以便植物进行光合作用并吸收 CO_2。

(4)测定最终 CO_2 浓度。在光合作用进行一段时间后，再次测定封闭空间内的 CO_2 浓度。这同样可以通过气体分析仪来完成。

(5)计算 CO_2 变化量。通过比较初始和最终 CO_2 浓度，可以计算出这段时间内 CO_2 的变化量。这个变化量代表了植物通过光合作用吸收的 CO_2 量。

计算上述 CO_2 浓度时，可以使用多种技术。以下是一些常见的技术和它们的简要说明。

①非分散式红外(NDIR)传感器。仪器构成：通常包括一个红外光源、一个光路(包含样品室)、一个红外探测器以及电路和软件算法。技术原理：CO_2 分子对特定波长红外光的吸收。工作原理：红外光源发射红外光，光线通过光路中的被测气体(样品室)，部分特定波长的红外光被 CO_2 吸收，剩余的光到达红外探测器。通过测量到达探测器的红外光强度，可以计算出 CO_2 的浓度。

②电化学传感器。仪器构成：基于电化学原理的传感器，其结构因具体类型而异，但通常包括电极、电解质和测量电路。技术原理：利用化学反应产生的电流来确定 CO_2 水平。工作原理：当被测气体(CO_2)进入传感器时，在电极上发生电化学反应，产生与 CO_2 浓度相关的电流或电压信号。测量这些信号即可确定 CO_2 的浓度。

③气相色谱法。仪器构成：气相色谱仪，包括载气系统、进样系统、色谱柱、检测器和数据处理系统。工作原理：样品气体通过进样系统进入色谱柱，在色谱柱中与固定相发生作用而分离。不同组分的气体在色谱柱中的流动速度不同，从而在不同的时间到达检测器。检测器将气体浓度转换为电信号，并通过数据处理系统得到色谱图。根据色谱图上的峰位置和峰面积，可以确定各组分的种类和浓度。

④光声光谱法。仪器构成：光声光谱仪，包括光源、调制器、光声池、麦克风和信号处理系

统。工作原理：光源发射调制光，通过样品池时被样品中的气体分子吸收。气体分子吸收光能后产生热量，导致气体膨胀并产生声波。麦克风检测这些声波并转换为电信号，通过信号处理系统得到光谱图。根据光谱图上的特征峰，可以确定气体分子的种类和浓度。

⑤二氧化碳分压计。对于水样中的 CO_2，首先需要将水样收集到密闭容器中，并静置一段时间以确保 CO_2 达到平衡状态。然后使用二氧化碳分压计测量水样中 CO_2 的分压，并根据理想气体状态方程（$PV=nRT$）将分压转化为浓度。

⑥红外线吸收法。这是一种通用的方法，用于测量气体中 CO_2 的浓度。仪器构成：红外吸收光谱仪，包括红外光源、样品室、分光系统、检测器和数据处理系统。工作原理：红外光源发射红外光，通过样品室时被样品中的气体分子吸收。分光系统将红外光按波长分散，检测器测量每个波长下的光强度。根据吸收光谱图上的特征峰，可以确定气体分子的种类和浓度。

⑦质谱法。质谱法是一种高灵敏度的分析方法，通过测量气体分子在电场或磁场中的偏转程度来确定其质量和浓度。

在选择使用哪种技术时，需要考虑测量的精度、响应时间、成本、操作简便性以及实际应用环境等多个因素。例如，对于实时监测和快速响应的场景，NDIR 传感器和电化学传感器可能更为合适；而对于需要高精度测量的实验室研究，气相色谱法或质谱法可能更为合适。

(6)转换为单位面积生产力。将 CO_2 变化量转换为单位面积（如每平方米）的初级生产力。这可以通过将 CO_2 变化量除以实验装置所覆盖的面积来完成。

具体的计算公式可能因实验设计和条件而有所不同，但一般形式如下：

初级生产力（单位面积/时间）=（最终 CO_2 浓度－初始 CO_2 浓度）÷实验时间÷实验装置所覆盖的面积

需要注意的是，这个公式给出的是基于 CO_2 变化的初级生产力估算值。由于实际生态系统中的复杂性，这个估算值可能存在一定的误差。此外，还可以使用其他方法（如叶绿素测定法、放射性标记物测定法等）来辅助验证和校准这个估算值。

7. 放射性标记物测定法

首先，从特定的深度取出含有自养生物（如藻类）的水样。接着，将这些水样分装在成对的黑色和白色小瓶（黑瓶和白瓶）中。在每个瓶子中，加入已知数量的 ^{14}C（通常以重碳酸盐的形式，如 $NaH_{14}CO_3$）。随后，将这些黑白瓶放回水样所在的深度，并允许其在自然环境下放置一段时间，通常是大约 6 h。在这段时间内，水样中的自养生物会吸收以 CO_2 和 HCO_3^- 形式存在的碳，包括稳定的碳和非稳态的 ^{14}C，并将它们转化为碳氢化合物，成为其原生质的组成部分。当达到预定的时间后，取出黑白瓶，并对水样进行过滤。过滤后，形成的碳水化合物（包括稳态碳和放射性碳）会留在滤纸上。将这些滤纸干燥后，放入放射计数器中进行测量。

(1)选择放射性标记物。根据实验需求和目标，选择合适的放射性标记物。常见的放射性标记物包括放射性碳（如 ^{14}C）或放射性碘（如 ^{125}I）等。这些标记物将用于替代植物光合作用过程中吸收的无机碳或用于标记其他生物分子。

(2)标记物制备。使用化学合成法、生物化学法或其他适当的方法，将放射性标记物与需要测定的物质结合，制备成放射性标记的化合物。例如，可以使用$^{14}CO_2$气体作为标记物，将其与植物进行光合作用，从而标记植物体内的有机碳。

(3)实验设置。在实验室或野外设置实验，将标记物添加到实验系统中。对于水生生态系统，可以将标记的$^{14}CO_2$气体注入水中，让水中的植物(如藻类)进行光合作用；对于陆地生态系统，可以将标记的^{125}I溶液喷洒在植物叶片上，让植物吸收并标记其组织。

(4)培养与收集。让实验系统在一定时间内进行培养，以便植物充分吸收并同化标记物。然后，收集实验样品，如植物组织、水样等，进行后续分析。

(5)放射性检测。使用放射性探测器或计数器等设备，对收集到的实验样品进行放射性检测。通过测量样品的放射性强度，可以计算出样品中标记物的含量，进而推算出植物在培养期间通过光合作用固定的碳量或吸收的其他生物分子的量。

(6)数据处理与分析。根据放射性检测结果，对数据进行处理和分析。通过比较不同时间点的数据，可以了解植物在不同生长阶段的光合作用速率和初级生产力。同时，还可以结合其他生态学和生物学数据，对实验结果进行更深入的解释和分析。

8. **叶绿素测定法**

叶绿素测定法主要是依据植物的叶绿素含量与光合作用量和光合作用率之间的密切关系评估初级生产力。此方法是通过薄膜将自然水进行过滤，然后用丙酮提取，将丙酮提取物在分光光度计中测量光吸收，再通过计算，转化为每平方米含叶绿素多少克。此法最初应用于海洋和其他水体，较用^{14}C和氧测定方法简便，花的时间也较少。

(1)采集样品。从研究区域采集代表性的植物样品，如叶片或整个植株。确保采集的样品具有代表性，能够反映整个研究区域的叶绿素水平。

(2)叶绿素提取。使用适当的溶剂(如丙酮、乙醇或二甲基亚砜)从植物样品中提取叶绿素。这通常涉及将植物组织破碎、加入溶剂、混合并静置一段时间，然后离心或过滤以分离出叶绿素溶液。

(3)叶绿素测定。使用分光光度计测定叶绿素溶液的吸光度。叶绿素 a 和叶绿素 b 在特定波长(如 663 nm 和 645 nm)下具有最大吸收峰。通过测量这些波长下的吸光度，并使用适当的公式或标准曲线，可以计算出叶绿素 a 和叶绿素 b 的浓度。

(4)数据分析。将测得的叶绿素浓度与初级生产力之间的关系进行统计分析。虽然叶绿素浓度不能直接代表初级生产力，但通常可以观察到两者之间的正相关关系。通过比较不同时间、不同地点或不同处理下的叶绿素浓度，可以间接评估初级生产力的变化。

9. **遥感测定法**

遥感测定法是利用卫星或航空遥感叶绿素资料与初级生产力的数学关系模型或利用已建立的水团温度与初级生产力的数学关系模型等来实现大空间尺度(如大洋乃至全球尺度)和长周期对初级生产力的大致估计。

CASA 模型是一种基于卫星遥感数据的光合利用模型,已被广泛应用于区域尺度和全球尺度的净初级生产力估算。通过吸收的光合有效辐射(APAR)与实际光能利用效率(ε)的乘积来计算净初级生产力:

$$NPP_{(x,t)} = APAR_{(x,t)} \times \varepsilon_{(x,t)}$$

式中,$NPP_{(x,t)}$是像素 x 和特定时间 t 的 NPP;$APAR_{(x,t)}$是林冠吸收的入射太阳辐射;$\varepsilon_{(x,t)}$是实际光能利用效率。

吸收的光合有效辐射(APAR)可由下式计算:

$$APAR_{(x,t)} = S_{(x,t)} \times F_{(x,t)} \times 0.5$$

式中,$S_{(x,t)}$是从 TerraClimate 数据集的短波辐射中提取的像素 x 和特定时间 t 的太阳总辐射;$F_{(x,t)}$代表光合有效辐射的分数。

实际光利用效率可以用下面的公式来计算:

$$\varepsilon_{(x,t)} = T_{\varepsilon1(x,t)} \times T_{\varepsilon2(x,t)} \times W_{\varepsilon(x,t)} \times \varepsilon_{max}$$

式中,$T_{\varepsilon1(x,t)}$和$T_{\varepsilon2(x,t)}$表示从 TerraClimate 数据集中提取的像素 x 的温度和特定时间 t 引起的应力;$W_{\varepsilon(x,t)}$代表水分胁迫;ε_{max}代表一种植被类型的最大光利用效率。

为了提高 CASA 模型在干旱半干旱区的性能,在植被光合作用模型(VPM)中采用 W_{vpm} 来代替计算 $\varepsilon_{(x,t)}$时使用的 W_{ε}。W_{vpm}可以用下面的公式计算:

$$W_{vpm} = \frac{1+L}{1+L_{max}}$$

式中,L 为地表水分指数;L_{max}是在生长季期间的最大地表水分指数。

GEE(Google Earth Engine)是一个强大的地理空间分析平台,由谷歌提供,用于对大量全球尺度的地球科学资料(尤其是卫星数据)进行在线可视化计算分析处理。它结合了庞大的卫星成像数据和算法库,主要用于环境监测和地球科学研究。

GEE 支持 JavaScript 和 Python 两种主要的编程语言,可以根据自己对语言的熟悉程度和项目需求,选择合适的语言编写分析脚本。它极大地简化了对遥感数据的访问和图像处理过程,简化了科研人员和数据分析师的工作流程。使用者能够在 GEE 提供的 Code Editor 中编写脚本,直接运行分析,并在交互式地图上展示结果。

4.3 实习内容二十一:植物凋落物组成、现存量及分解速率测定

4.3.1 概述

植物凋落物由植物地上部分器官或组织坏死、脱落后堆积而成,是处于群落下层与土壤表层之间的植物残体,包括叶子、树枝、果实、花朵等有机物质的总称(刘姝媛 等,2013)。凋落物在自然界中起着重要的生态作用,如提供养分和能量,促进土壤生物多样性,维持生态系统的

平衡等(曲浩 等,2010)。

植物凋落物的现存量变化能够反映森林生态系统的物质积累过程。凋落物量是凋落物研究中最基本部分,其研究内容主要包括凋落物地面现存量、凋落物量随时间变化和凋落物量对气温和降水响应等方面(史贝贝,2018;窦荣鹏,2010)。凋落物量的多少受气候条件、植物种类、物种多样性、群落结构、植物生长状况、群落演替阶段等多种因素的共同影响(张建利 等,2014)。

目前针对凋落物的研究方法主要有四种:收集器直接收集法(王平 等,2024;Guo et al.,2023);枯死量/现存量预估法(Paul et al.,2018);分层收割预估法;预估生长过程中个体较少的数量法(刘东霞,2004)。

野外试验中多采用收集器直接收集法,利用凋落物收集器估算凋落物量。在实际研究中,普遍使用 1 m^2 的网格收集器进行凋落物量的收集。针对研究对象的不同,收集器面积可在 0.2~100 m^2 范围内进行调整。总的来说,高度较小的植物凋落物研究多采用面积为 0.25~100 m^2 的收集器;植株高度较大的凋落物研究使用回收样地方法,收集器面积不小于样地面积的 10%。

以下两种方法为分解速率主要的测定方法:

(1)野外分解法。其原理是将在 65 ℃下烘干至恒重的凋落物,装入不可降解和柔软材料的尼龙袋或网袋中,袋中凋落物为定量装入(约 60 g),然后将凋落物埋入土壤 15~20 cm 处,并且每种凋落物类型做 3 个重复实验。由于这种方法最大限度地模拟了自然环境中凋落物的分解状态,且操作简单,结果真实可信,因此目前被大多数学者采用。但是,由于尼龙袋或网袋存在隔离作用及其形成的小环境也会对土壤动物、微生物的活动起到限制作用,从而减缓凋落物的分解活动,增加分解时长,因而该方法也具有一定的局限性。

(2)室内分解培养法。首先,收集新鲜凋落物样品,如叶片、枝条等,确保凋落物样品没有明显的腐烂或受到其他污染。其次,准备适量的培养容器,可以使用塑料桶、玻璃瓶等。清洁和消毒培养容器,确保无细菌污染。实验过程中设置实验组和对照组,分别将凋落物样品放置在实验组和对照组的培养容器中。实验组中添加一定量的微生物培养基或土壤,以促进凋落物的分解。对照组中不添加任何培养基或土壤,用于对比观察。最后,在一定时间内,观察凋落物在实验组和对照组中的分解情况,可以通过测量凋落物的重量、观察微生物生长情况等方式进行分析。室内分解培养法所得数据为非自然状态下凋落物分解结果,不能真实地反映凋落物分解的实际状况,因此,室内分解实验常常只能用作于野外分解的对比实验。

4.3.2 实习目的

(1)凋落物质是生态系统中重要的有机物质来源,通过收集器直接收集法结合野外分解法,了解凋落物质的分解速率,可以了解有机物质在生态系统中的循环和再利用过程。

(2)凋落物质的分解过程对土壤质量和健康状态具有重要影响,通过测定分解速率,可以评估土壤的生态功能和健康状况。

(3)凋落物质的分解速率受气候因素影响,通过研究分解速率,可以预测气候变化对生态系统结构和功能的影响。

(4)凋落物质的分解过程涉及多种微生物和酶的参与,通过研究分解速率,可以探讨生物多样性对生态系统稳定性的影响。

4.3.3 基本要求

(1)了解凋落物分解是指植物枯落的叶片、树枝等有机物质在土壤中被微生物和生物降解的过程,学习凋落物分解的重要性,以及其对土壤养分循环和生态系统功能的影响。

(2)学习设计凋落物分解实验的方法,包括选择实验材料、设置实验组和对照组、控制实验条件等,掌握实验操作技能,如凋落物收集、称量、放置和监测分解过程。

(3)了解参与凋落物分解的微生物群落,包括细菌、真菌和其他微生物的作用和相互关系,探讨微生物在凋落物分解中的生态功能和生态效应。

(4)研究凋落物分解的速率和影响因素,如温度、湿度、土壤类型、微生物活动等,分析不同因素对凋落物分解速率的影响,探讨生态系统中的生物地球化学循环。

(5)学习如何收集和处理凋落物分解实验的数据,包括分解速率、残留物质量等指标,使用统计方法和图表展示数据结果,解释凋落物分解过程的变化和趋势。

4.3.4 实习工具

参照实习内容十九:生态系统碳储量估算。

4.3.5 实习方法

1.固定样地建设

参照实习内容十二:植物群落野外定位监测。

2.植物群落调查

参照实习内容十二:植物群落野外定位监测。

3.土壤样品采集及处理

参照实习内容十九:生态系统碳储量估算。

4.样品处理与凋落物现存量调查

每批次样品被分为两部分,将一部分样品中的杂质去除,在65 ℃烘箱中烘干至质量恒定,记录原始重量与干质量数据并测定有机质含量。另一部分被装入分解袋中,铺设到收集凋落物的原生境中,每月对其重量及有机质含量进行一次测量。

收集的凋落物按照不同的分解程度分为五级:

(1)新鲜凋落物是指从植物上掉落的、未经明显分解的植物残体。

(2)半分解凋落物是指经过一定程度分解的植物残体,外观上已经有所改变。

(3)腐殖质是指经过完全分解的植物残体,已经形成稳定的有机质。

(4)凋落物层是指地表覆盖的凋落物堆积层,包括各种分解程度的凋落物。

(5)凋落物碎屑是指经过机械破碎或生物分解后形成的小颗粒状物质。

5. 分解速率和损失率计算

凋落物在分解过程中,有机质的质量随着时间不断发生变化。分解率计算公式如下:

$$L = (1 - \frac{M_t}{M_0}) \times 100\%$$

式中,L 为凋落物的分解率;M_0 为凋落物未分解时的初始干质量,g;M_t 为分解 t 时分解袋中凋落物的干质量。

分解速率计算公式如下:

$$r = \frac{1}{W} \times \frac{\mathrm{d}W}{\mathrm{d}t}$$

积分后,得

$$r = \frac{\ln W_2 - \ln W_1}{t_2 - t_1}$$

式中,W_1 为凋落物在时间 t_1 时的质量;W_2 为凋落物在时间 t_2 时的质量;t 表示凋落物的分解时间;r 为分解速率(单位:$g \cdot g^{-1} \cdot d^{-1}$,负值),表示每天每克凋落物分解的质量。

损失率为凋落物经过一段时间分解之后,其损失质量占初始质量的百分比。计算公式如下:

$$\text{损失率}: g = \frac{W_1 - W_2}{W_1} \times 100\%$$

式中,g 为损失率(%),其余符号含义与上式相同。

调查与计算结果记录至表 D-1、D-2(见附录)。

4.4 实习内容二十二:生态系统功能评价及量化

4.4.1 概述

生态功能是指生态系统在维持生命的物质循环和能量转换过程中为人类提供的各种益处,包括水源涵养、水土保持、防风固沙以及维护生物多样性等功能(李苇洁 等,2010)。生态系统服务功能是保障人类生存发展的重要支柱和实现区域可持续发展的重要保障。2015 年环保部印发《生态保护红线划定技术指南》,从全国研究尺度上宏观地提出了生态系统服务功能基于植被净初级生产力(NPP)的定量指标评估方法,从水源涵养、水土保持、防风固沙和生物多样性维护四个方面对喀斯特生态系统功能进行评估(戚宝正 等,2023),能够多方位评价生态系统功能,并合理量化其重要等级。水源涵养指生态系统(如森林、草地等)通过其特有的结构与水相互作用,对降水进行截留、渗透、蓄积,并通过蒸散发来实现对水流、水循环的调控,主要表现在缓和地表径流、补充地下水、减缓河流流量的季节波动、滞洪补枯、保证水质等方面。水土保持指生态系统通过截留、吸收、下渗等作用以及植物根系的固持作用，减少土壤肥力损失以及减轻河流、湖泊、水库淤积的重要功能。生物多样性维护指生态系统在维持基因、物种、生态系统多样性方面发挥的作用，与珍稀濒危和特有动植物的分布丰富程度密切相关。

生态系统功能评估指标体系如表4－5所示。

表4－5　生态系统功能评估指标体系

评估科目	评估指标	指标定义
水源涵养	水源涵养量	生态系统通过拦截和滞蓄降水、涵养土壤水分、调节地表径流和补充地下水所增加的水资源总量
水土保持	土壤保持量	生态系统减少的土壤侵蚀量（潜在土壤侵蚀量与实际土壤侵蚀量的差值）
防风固沙	防风固沙量	通过生态系统减少的因大风导致土壤流失和风沙危害的风蚀量
生物多样性维护	生境不可替代性指数	不可替代性指数是0～1之间的连续值，值越高代表所在规划单元的保护价值越高，能够替代该单元完成保护目标的其他规划单元数量越少
	物种丰富度	生态系统群落中物种数目的多少
	珍稀濒危物种数量	国家重点保护野生物种名录及世界自然保护联盟红色名录中的极危、濒危级别物种的数量

4.4.2　基本要求

（1）了解区域主体功能定位、生态环境状况、社会经济发展总体情况。

（2）搜集基础资料，包括喀斯特地理信息数据、DEM数据、NPP数据、气象数据和土壤数据，通过ArcGIS软件将数据进行预处理，统一到250 m×250 m栅格单元或更高精度的空间尺度，并进行归一化。

（3）遵循科学性、整体性、系统性、可操作性原则。

4.4.3　实习工具

（1）统计软件：如R语言、SPSS、Excel等，用于生态数据的分析和统计处理。

（2）地理信息系统（GIS）软件：如ArcGIS、QGIS等，用于地理空间数据的处理、分析和可视化。

（3）生态学调查工具：如GPS、无人机、生态学调查工具包等，用于实地调查和数据采集。

（4）收集工具：尼龙袋；信封；镊子；手套；自封袋；高枝剪；土钻。

（5）测量工具：RTK；卷尺；尼龙绳；胸径尺；钢卷尺；游标卡尺。

（6）记录工具：记录表；塑料标签；PVC管；记号笔；铅笔。

(7)内业实验工具:天平;烘箱;托盘。

4.4.4 实习方法

1.固定样地建设

参照实习内容十二:植物群落野外定位监测。

2.植物群落调查

参照实习内容十二:植物群落野外定位监测。

3.土壤样品采集及处理

参照实习内容十九:生态系统碳储量估算。

4.数据来源

地理信息数据来源于贵州气象信息中心,主要包括1∶250000贵州行政边界、行政区点、喀斯特区边界数据。贵州数字高程模型(DEM)数据分辨率为30 m,来源于地理空间数据云,采用GIS技术进行几何校正、拼接、镶嵌和投影变换处理,并提取坡度、坡向、经度、纬度等地理因子,统一空间分辨率与投影方式。NPP数据来源于全球变化科学研究数据出版系统(http://www.geodoi.ac.cn/WebCn/Aims_and_Scope.aspx)及文献,分辨率为1 km×1 km的中国逐月栅格数据。气象数据来源于中国气象数据网(http://data.cma.cn/)地面气象站逐月观测的降水量、气温、相对湿度及风速数据,分辨率为1 km×1 km,同时基于GIS技术,采用反距离权重法,将气象数据和辐射数据插值成统一分辨率和投影方式的栅格数据。土壤数据来源于国家地球系统科学数据中心(http://www.geodata.cn/main/)提供的中国1∶250000土地覆被遥感调查与监测数据库,采用GIS技术,对其进行相应的裁剪、拼接预处理,并将其重采样到统一空间分辨率与投影方式。

5.水源涵养功能

水源涵养功能是陆地植被、湿地等生态系统在结构和功能上对水循环进行调控的能力,主要体现在缓和地表径流、补充地下水、减缓河流流量的季节波动、滞洪补枯、保证水质等方面(苑跃 等,2020)。总水源涵养量计算公式如下:

$$T_Q = \sum_{i=1}^{j} S_i \times (P_i - R_i - E_i) \times 10^{-3}$$

式中,T_Q为总水源涵养量,m^3;i为第i类生态系统类型;j为生态系统类型总数;S_i为i类生态系统的面积,km^2;P_i为多年平均降雨量,mm;R_i为多年平均地表径流量,mm;E_i为多年平均蒸散发量,mm。

采用替代工程法,以水库建设成本来评估水源涵养的价值量,计算公式如下:

$$V_W = T_Q \times c$$

式中,V_W为水源涵养价值量,元;c为建设单位库容的工程成本,元/m。

得到每个栅格单元(250 m×250 m)的水源涵养价值量数值后，采用空间统计分析，计算县域范围内水源涵养主导生态功能的水源涵养价值总和，即水源涵养功能价值指数($V_{W总}$)。

6.水土保持功能

水土保持功能是指各生态系统在植被、土壤及坡度综合作用下缓解流水对土壤的侵蚀，保护和改善人类赖以生存的自然环境的能力(孙莉英 等,2020)。水土保持功能主要与气候、土壤、地形和植被有关，计算公式如下：

$$A_c = A_p - A_r = R \times K \times L \times S \times (1 - C)$$

式中，A_c为水土保持量，t/hm² · a；A_p为潜在土壤侵蚀量，t/hm² · a；A_r为实际土壤侵蚀量，t/hm² · a；R为降水侵蚀力因子，MJ · mm/hm² · h · a；K为土壤可侵蚀性因子，t · hm² · h/hm² · MJ · mm；L为坡长因子；S为坡度因子；C为植被覆盖因子。

采用替代成本法，从减少土地废弃、减少泥沙淤积、保持土壤肥力3个方面评估水土保持价值量，即水土保持总价值：

$$V_S = V_{S1} + V_{S2} + V_{S3}$$

式中，V_S代表水土保持总价值，元；V_{S1}为减少土地废弃的经济价值，元；V_{S2}为减少泥沙淤积的价值，元；V_{S3}为保持土壤肥力的价值，元。

减少土地废弃的价值：

$$V_{S1} = A_c \times P_1 \times \rho \times h$$

式中，P_1为土地废弃的机会成本，元/m²；ρ为土壤容重，t/m³；h为土层厚度，m。

减少泥沙淤积的价值：

$$V_{S2} = p_{er} \times A_c \times P_2 \div \rho$$

式中，p_{er}为土壤侵蚀流失泥沙淤积于水库、河流、湖泊，需清淤作业的比例，%；P_2为水库工程清淤费用，元/m³。

保持土壤肥力的价值：

$$V_{S3} = \sum A_c \times C_i \times R_i \times P_{3i}$$

式中，i为氮、磷、钾、土壤有机质及相应肥料(尿素、过磷酸钙、氯化钾、有机质)；C_i为土壤中氮、磷、钾及有机质的纯含量，%；R_i为氮、磷、钾、土壤有机质转换成相应肥料(尿素、过磷酸钙、氯化钾、有机质)的比率，%；P_{3i}为尿素、过磷酸钙、氯化钾、有机质价格，元/t。

得到每个栅格单元(250 m×250 m)的水土保持价值量数值后，采用空间统计分析，计算县域范围内水土保持主导生态功能的生态保护红线水土保持价值总和，即水土保持功能价值指数($S_{总}$)，以及县域生态保护红线的水土保持价值总量。

7.防风固沙功能

防风固沙是生态系统(如森林、草地等)通过其结构与过程减少由于风蚀所导致的土壤侵蚀的作用，是生态系统提供的重要调节服务之一，主要与风速、降雨、温度、土壤、地形和植被等因素密切相关。在此以防风固沙量，即潜在风蚀量与实际风蚀量的差值，反映生态保护红线的防风固沙功能状况，采用修正风蚀方程计算防风固沙量，计算公式如下：

$$S_R = S_{L潜} - S_L$$

$$S_L = \frac{2Z}{S^2} Q_{\max} \cdot e^{-(Z/S)^2}$$

$$S = 150.71 \times (W_F \times E_F \times S_{CF} \times K' \times C)^{-0.3711}$$

$$Q_{\max} = 109.8 \times [W_F \times E_F \times S_{CF} \times K' \times C]$$

$$S_{L潜} = \frac{2Z}{S_{潜}^2} Q_{\max} \cdot e^{-(Z/S_{潜})^2}$$

$$Q_{\max潜} = 109.8 \times [W_F \times E_F \times S_{CF} \times K']$$

$$S_{潜} = 150.71 \times (W_F \times E_F \times S_{CF} \times K')^{-0.3711}$$

式中，S_R 为固沙量，t/km^2 · a；$S_{L潜}$ 为潜在风力侵蚀量，t/km^2 · a；S_L 为实际风力侵蚀量，t/km^2 · a；$Q_{\max}$ 为最大转移量，kg/m；Z 为最大风蚀距离，m；W_F 为气候因子，kg/m；K' 为地表糙度因子；E_F 为土壤可蚀因子；S_{CF} 为土壤结皮因子；C 为植被覆盖因子。

采用恢复成本法和替代成本法，从治理沙化土壤的成本和减少风蚀土壤肥力损失两方面评估防风固沙价值量。计算公式如下：

$$V_F = V_{F_1} + V_{F_2}$$

式中，V_F 为防风固沙总价值，元；V_{F_1} 为治理沙化土壤的价值，元；V_{F_2} 为减少风蚀土壤肥力损失的价值，元。治理沙化土壤的成本的计算公式如下：

$$V_{F_1} = [S_R \times A/(\rho \cdot h)] \times P$$

式中，A 为生态系统面积，m^2；ρ 为砂砾堆积密度，t/m^3；h 为土壤沙化标准覆沙厚度，m；P 为治沙工程的平均成本，元/m^2。

减少风蚀土壤肥力损失的计算公式如下：

$$V_{F_2} = \sum S_R \times C_i \times R_i \times P_{3i}$$

式中，i 为氮、磷、钾、土壤有机质及相应肥料（尿素、过磷酸钙、氯化钾、有机质）；C_i 为土壤中氮、磷、钾及有机质的纯含量，%；R_i 为氮、磷、钾、土壤有机质转换成相应肥料（尿素、过磷酸钙、氯化钾、有机质）的比率，%；P_{3i} 为尿素、过磷酸钙、氯化钾、有机质价格，元/t。

8. **生物多样性维护功能**

生物多样性维护价值或者野生动物物种保育价值与各地的生境质量情况紧密相关，由此，假设一个地方的生境质量越好，那么该地的物种保育价值也就越高。在此采用保护价值法评估生物多样性维护功能价值，以生物多样性维护服务能力指数为计算基础，选取珍稀濒危或特有物种等能够反映该区域生物多样性状况的旗舰物种的分布数量和保护价值，且通过空间分析，将总的物种保育价值进行空间化处理和叠加分析。获取每个栅格单元的物种保育价值（V_B），获取区域物种保育总价值（P）：

$$V_B = \frac{S_{bio}}{\sum S_{bio}} \times P$$

$$P = \sum_{i=1}^{n} (P_i \times A_i)$$

式中，V_B为生物多样性维护功能价值，元；S_{bio}是指每个栅格单元的生物多样性维护功能指数；P为区域物种保育总价值，元；P_i为某一类物种的保护价格（国际拍卖或狩猎价格），元/只；A_i为某一类动物的数量，只；n为区域内物种种类。

计算得到每个栅格单元（250 m×250 m）的生物多样性维护价值量数值后，采用空间统计分析，获取县域范围内生物多样性维护主导功能的生态保护红线生物多样性价值总和，即生物多样性维护功能价值指数（$B_{总}$），以及县域生态保护红线的生物多样性维护价值总量。

在单项生态功能评价的基础上，计算县域生态保护红线的生态功能综合价值量，用生态保护红线生态功能综合价值（$E_{综}$）表示，反映生态保护红线各单项生态功能的价值总和：

$$E_{综} = V_W + V_F + V_B + V_S$$

$$E = \sum E_{ij}$$

式中，E_{ij}为生态保护红线区域内栅格 ij 的生态功能综合价值，元；$E_{综}$为县域范围内生态保护红线的生态功能综合价值，元。

为更清晰地描述和比较县域范围内生态保护红线生态功能的空间差异，并进行结果分级，将各栅格单元（250 m×250 m）的生态功能价值量数值进行标准化，获得生态保护红线生态功能综合指数：

$$Z_{ij} = \frac{E_{ij} - E_{min}}{E_{max} - E_{min}}$$

式中，Z_{ij}为生态保护红线生态功能综合指数，即生态保护红线范围内栅格 ij 的生态功能综合价值标准化后的数值，值域范围为 0～1；E_{min}为县域范围内生态保护红线生态功能综合价值量的最小值，元；E_{max}为县域范围内生态保护红线生态功能综合价值量的最大值，元。

根据生态保护红线生态功能综合指数（Z_{ij}）栅格图层的属性值，即每一个栅格单元表示生态功能综合指数的数值，将生态功能综合指数按从高到低的顺序排列。县域生态保护红线的生态功能等级划分为四级，分别为优秀、良好、一般和较差，具体分值和分级见表 4-6。

表 4-6　生态功能综合指数分级

等级	评价结果
优秀	$Z_{ij} \geqslant 0.7$
良好	$0.5 \leqslant Z_{ij} < 0.7$
一般	$0.3 \leqslant Z_{ij} < 0.5$
较差	$Z_{ij} < 0.3$

调查得出的不同生态系统类型植被覆盖度可记录至表 D-3（见附录）。

4.5　实习内容二十三：生态化学计量学特征分析

4.5.1　概述

生态化学计量学是对生态系统中多种元素的平衡或相互作用关系进行研究的重要方法。生态化学计量学特征能反映土壤C、N、P的循环和平衡，还可指示土壤中的养分状况，已成为当前衡量土壤质量的重要指标。土壤碳氮磷各元素间比值（如C∶N、C∶P、N∶P）的变化会影响群落结构、养分利用效率和生产力。当土壤碳氮磷以合适的化学计量学特征存在时，就能够促进生态系统健康和稳定。

生态化学计量学是研究有机体所需的，并能影响生态系统生产力、营养循环以及食物网动态的各种元素（主要是碳、氮、磷）之间多重平衡的一种工具。生态化学计量学可以揭示生态系统的结构和功能，揭示物质循环和能量流动的关键因素，为生态系统的管理和保护提供科学依据。喀斯特地貌因其生境的特殊性以及脆弱性，森林植被无论在群落外貌、结构以及区系组成，还是在演替更新以及对环境的影响等方面，都与常态地貌明显不同。

4.5.2　基本要求

（1）了解生态化学计量学是一门研究生态系统和它们的化学特征的学科，目的是了解生态系统的化学组成以及这些化学特征如何影响生态系统的动态变化。

（2）学习陆地生态系统中，特别是碳、氮、磷三种元素的比率关系如何影响生态系统的结构和功能；理解这些元素在生物体中的功能，以及它们在生态系统中的循环过程。

（3）学习如何应用生态化学计量学的原理和方法来分析和解决生态问题，例如判断限制性养分、预测生态系统的变化等。

4.5.3　实习工具

参照实习内容十九：生态系统碳储量估算。

4.5.4　实习方法

1. 固定样地建设

参照实习内容十二：植物群落野外定位监测。

2. 植物群落调查

参照实习内容十二：植物群落野外定位监测。

3. 土壤样品采集及处理

参照实习内容十九：生态系统碳储量估算。

4. **土壤全磷测定**

参照实习内容三：土壤样品采集与常规理化指标测定。

5. **土壤全氮的测定**

参照实习内容三：土壤样品采集与常规理化指标测定。

6. **土壤全碳测定**

参照实习内容三：土壤样品采集与常规理化指标测定。

7. **植物全氮测定**

参照实习内容四：植物性状分类及测定。

8. **植物全磷测定**

参照实习内容四：植物性状分类及测定。

9. **植物全钾测定**

参照实习内容四：植物性状分类及测定。

10. **植物全碳测定**

参照实习内容四：植物性状分类及测定。

11. **植物的生态化学计量学特征**

在生态学中，植物的生态化学计量学特征被视为洞察植物养分限制、养分循环以及植物对外界环境响应机制的关键参数。这些特征不仅揭示了植物个体、种群、群落乃至整个生态系统在养分利用和循环方面的动态规律，而且深刻反映了碳、氮、磷等关键营养元素在植物体内的分配策略和含量变化。这些分配策略对于植物的生长发育具有至关重要的影响，它们不仅决定了植物的生长速度和健康状况，还影响了整个生态系统的稳定性和可持续性（贺金生 等，2010）。植物C∶N和C∶P可反映植物的生长速度，并可表明与其N、P养分利用效率的相关性。植物N∶P既能反映植物生长受N或P元素的限制情况（李玉，2023），还作为一个关键指标决定着群落的结构和功能，即N∶P低于14受到N限制，高于16受到P限制，介于14至16之间受到N和P的共同限制（肖梓波，2023）。植物的生态化学计量学特征同样受到一系列复杂因素的影响。这些因素包括外界环境要素，如降雨量、温度变化和土壤类型与特性，它们对植物体内的养分吸收、转化和积累具有显著影响。此外，植物自身的特征，如科属分类特性、叶面积指数、叶片年龄和根系结构等，也会深刻影响植物对养分的获取和利用效率。同时，群落内的物种均匀性以及植物功能（类）群的分布，也间接影响了植物养分利用策略和生态化学计量学特征的形成，体现了生态系统内物种间相互作用和养分循环的复杂性（罗旭强 等，2014）。

12. **凋落物的生态化学计量学特征**

凋落物的C、N、P及其他养分含量特征是影响凋落物分解速率的重要因素。更高的N含

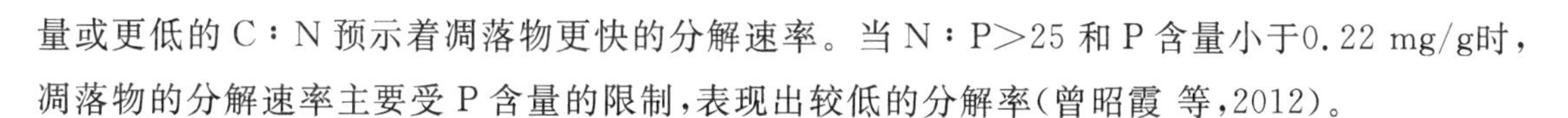

量或更低的 C∶N 预示着凋落物更快的分解速率。当 N∶P>25 和 P 含量小于0.22 mg/g时，凋落物的分解速率主要受 P 含量的限制，表现出较低的分解率(曾昭霞 等，2012)。

13. **土壤的生态化学计量学特征**

土壤生态化学计量学特征是表征土壤质地及养分状况的重要参数，C、N、P 等元素的化学计量学特征及计量比是反映生态系统健康状况的重要指标。土壤碳氮磷比是反映土壤内部碳氮磷循环的主要指标，表征土壤养分供应能力和储量变化。该比值综合了生态系统功能的变异性，有助于确定生态过程对全球变化的响应，是土壤有机质组成和质量程度的一个重要指标(任泽文 等，2024)。

土壤 C∶N 是衡量碳和氮元素平衡状态的重要生态指标。当 C∶N 高于 25 时，通常表明土壤有机质的积累速度超过了其分解速率，反映出土壤有机碳的存储能力较强；相反，随着 C∶N的减小，土壤有机质的矿化作用(即有机物质的分解过程)将更为活跃，有助于释放更多的养分供植物吸收利用。土壤中的 C∶P 则是一个反映了土壤中磷元素的矿化程度和有效性的指标。较低的 C∶P 意味着土壤中磷元素的矿化作用更为显著，从而提高了磷的有效性，使得植物能更有效地利用土壤中的磷。土壤中的 N∶P 是预测养分限制类型的重要指标。当 N∶P低于 10 时，通常指示植物的生长主要受到氮元素的限制，因为土壤中磷元素的相对充足使得氮成为限制植物生长的关键因素。而当 N∶P 高于 20 时，情况则相反，磷元素的缺乏成为植物生长的主要限制因素。这种基于 N∶P 的养分限制预测，有助于我们更好地理解生态系统中养分循环和植物生长的动态过程(王绍强 等，2008)。

第5章 景观生态学

5.1 实习内容二十四：景观指数与景观格局分析

5.1.1 景观格局定义及分类

1. 概念

景观格局是一个与景观结构有关的概念，往往与景观结构相提并论。景观格局一般指大小和形状不一的景观斑块在空间上的配置。景观格局是景观异质性的具体表现，同时又是包括干扰在内的各种生态过程在不同尺度上作用的结果(Turner et al.，1991)。

2. 景观格局分类

景观要素的分布格局似乎是无限的，如串珠状排列的斑块、小斑块群、相邻的大小斑块、两种彼此相斥且隔离的斑块等，不同的结构决定了景观的不同功能。福曼将景观格局分为以下几类(Forman，1986)：

(1)均匀分布格局，指某一特定类型景观要素间的距离相对一致。

(2)聚集型分布格局，例如，在许多热带农业区，农田多聚集在村庄附近或道路的一端；在丘陵地区，农田往往成片分布，村庄聚集在较大的山谷内。

(3)线状格局，如房屋沿公路零散分布或耕地沿河分布的格局。

(4)平行格局，如侵蚀活跃地区的平行河流廊道，以及山地景观中沿山脊分布的森林带。

(5)特定组合或空间联结，大多分布在不同类型要素之间。例如，稻田总是与河流或渠道并存，道路和高尔夫球场往往与城市或乡村呈正相关空间联结，即一种景观要素出现后，其附近就很有可能出现另一种景观要素。同时，空间联结也可以是负相关。

5.1.2 景观格局分析

1. 景观格局分析的目的

景观格局分析的目的：确定产生和控制空间格局的因子及其作用机制；比较不同景观镶嵌体的特征和它们的变化；探讨空间格局的尺度性质；确定景观格局和功能过程的相互关系；为景观的合理管理提供有价值的资料。

2. **景观格局分析需要的数据类型**

景观数据包括非空间的和空间的，而空间数据又可分为点格局数据（如单个树木的分布）、定量空间数据（如生物量）、定性空间数据（如植被类型图）。

3. **景观格局分析方法**

景观格局分析方法分为格局指数方法、空间统计学方法。

格局指数方法旨在通过计算不同的景观格局指数来描述和量化景观的空间结构。这些指数通常包括斑块大小分布、斑块形状复杂度、斑块间距等。常用的格局指数包括斑块密度、边界长度、斑块形状指数、分离度指数等。通过这些指数，可以对景观的复杂性、连通性和碎片化等特征进行量化分析。

空间统计学方法是利用空间统计学的原理和技术来分析景观的空间分布特征。这些方法通常涉及空间自相关、空间插值、空间聚类分析等技术。常用的空间统计学方法包括地统计、克里金插值、核密度估计等。通过这些方法，可以揭示景观要素之间的空间关联性、热点区域的分布、空间集聚程度等信息。

景观格局分析研究内容如图 5-1 所示。

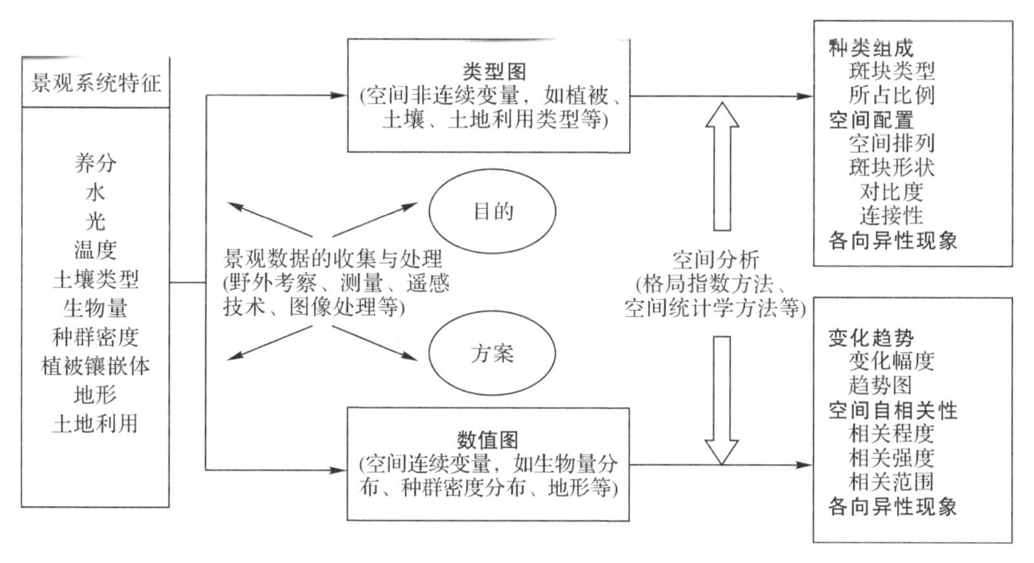

图 5-1 景观格局分析研究内容(Li et al.,1995)

5.1.3 景观指数

1. **概念**

景观指数是指能够高度浓缩景观格局信息，反映其结构组成和空间配置某些方面特征的简单定量指标。景观格局特征可以在 3 个层次上分析：单个斑块(individual patch)；由若干单个斑块组成的斑块类型(patch type 或 class)；包括若干斑块类型的整个景观镶嵌体(landscape mosaic)。因此，景观格局指数亦可相应地分为斑块水平指数(patch-level index)、类型水平指数(class-level index)以及景观水平指数(landscape-level index)。

用景观指数描述景观格局及变化,建立格局与景观过程之间的联系,是景观生态学最常用的定量化研究方法。为此,景观生态学家在应用其他理论的过程中,在联系景观过程与格局的实践中,提出了描述景观格局与动态的各式各样的景观指数,并应用这些景观指数成功地揭示了生态过程与生态机理的研究。

2. 景观指数的计算

Fragstats 是一种专门用于计算景观格局指数的软件(Mcgarigal et al.,1995),目前有栅格和矢量两种版本,共包括 277 个景观格局指数,其中有 22 个斑块水平指数、123 个类型水平指数和 132 个景观水平指数。

3. 景观指数的选择

由于景观指数很多且相关性很强,因此在选择景观指数时,应综合考虑以下原则:

(1)总体性原则。根据研究区的研究重点(斑块水平、类型水平或景观水平)选择相应的景观指数。

(2)常用性原则。景观指数种类众多,选择常用的景观指数易于理解与交流。

(3)简化原则。选用的景观指数不宜过多,研究中需充分考虑景观指数的相关性与替代性,选择能够说明研究区主要景观过程的指数。在具体应用场景下,针对各种景观指数的独特属性以及研究意图和主题,我们要挑选最适宜的景观指数,以便更精准地定量描述研究的对象。如果仅仅是机械地列举了景观指数进行计算,那么就失去了景观格局研究的本来意义。

Fragstats 软件中常用的景观指数如表 5-1 所示。

表 5-1 Fragstats 软件中常用的景观指数

英文缩写	指标名称	应用尺度	英文全称	单位
AREA	斑块面积	斑块	Area	ha
PERIM	斑块周长	斑块	Patch perimeter	m
CA	斑块类型面积	类型	Class area	ha
TA	景观面积	景观	Total landscape area	ha
PLAND	斑块所占景观面积比例	类型	Percent of landscape	%
LPI	最大斑块占景观面积比例	类型/景观	Largest path index	%
TE	总边缘长度	类型/景观	Total edge	m
ED	边缘密度	类型/景观	Edge density	m/ha
MPS/AREA_MN	斑块平均大小	类型/景观	Mean patch size	ha
PSSD/AREA_SD	斑块面积方差	类型/景观	Patch size standard deviation	ha
PSCV/AREA_CV	斑块面积均方差	类型/景观	Patch size coefficient of variation	%
PARA	周长面积比	斑块	Perimeter-area ratio	

续表

英文缩写	指标名称	应用尺度	英文全称	单位
SHAPE	形状指标	斑块	Shape index	
FRACT	分维数	斑块	fractal dimension index	
CONTI G	邻接指数	斑块	Contiguity index	
LSI	景观形状指数	类型/景观	Landscape shape index	
PARA_MN	平均斑块周长面积比	类型/景观	Mean perimeter-area ratio	
PARA_AM	面积加权平均斑块周长面积比	类型/景观	Area-weighted mean perimeter-area ratio	
MSI/SHAPE_MN	平均形状指数	类型/景观	Mean shape index	
AWMSI/SHAPE_AM	面积加权的平均形状指数	类型/景观	Area-weighted mean shape index	
DLFD	双对数分维数	类型/景观	Double log fractal dimension	
MPFD/FRAC_MN	平均斑块分维数	类型/景观	Mean patch fractal dimension	
AWMPFD/FRAC_AM	面积加权的平均斑块分形指标	类型/景观	Area-weighted mean patch fractal dimension	
CORE	核心面积	斑块	Core area	ha
NCA	核心面积数量	斑块	Number of core areas	
CAI	核心面积指数	斑块	Core area index	%
TCA	总核心面积	类型/景观	Total core area	ha
CPLAND	核心面积占整个景观面积的比例	类型/景观	Core area percentage of landscape	%
NDCA	间断分布的核心面积数量	类型/景观	Number of disjunct core areas	
DCAD	间断分布的核心面积密度	类型/景观	Disjunct core area density	个/100 ha
CORE_MN	平均核心面积	类型/景观	Mean core area	ha
DCORE_MN	平均非连续核心面积	类型/景观	Mean disjunct core area	ha
CAI_MN	平均核心面积指数	类型/景观	Mean core area index	
ECON/EDCON	边缘对比度指数	斑块	Edge contrast index	
CWED	对比度加权边缘密度	类型/景观	Contrast-weighted edge density	m/ha
TECI	总边缘对比度	类型/景观	Total edge contrast index	%
MECI/ECON_MN	平均边缘对比度	类型/景观	Mean edge contrast index	%
AWMECI/ECON_AM	面积加权平均边缘对比度	类型/景观	Area-weighted mean edge contrast index	%
ENN	欧氏最近邻域距离	斑块	Euclidean nearest neighbor distance	m
PROX	邻接指数	斑块	Proximity index	

续表

英文缩写	指标名称	应用尺度	英文全称	单位
LSIM/SIM	斑块相似指数	斑块	Landscape similarity index	
IJI	散布与并列指数	类型/景观	Interspersion & juxtaposition index	%
PLADJ	相似邻接比例度	类型/景观	Percentage of like adjacencies	%
AI	聚集指数	类型/景观	Aggregation index	%
CLUMPY	从聚指数	类型/景观	Clumsiness index	%
LSI	景观形状指数	类型/景观	Landscape shape index	
nLSI	归一化形状指数	类型/景观	Normalized landscape shape index	
COHESION	斑块内聚力指数	类型/景观	Patch cohesion index	
NP	斑块数量	类型/景观	Number of patches	
PD	斑块密度	类型/景观	Patch density	个/100 ha
DIVISION	景观分离度	类型/景观	Landscape division index	
SPLIT	分散指数	类型/景观	Splitting index	
MESH	有效格网大小	类型/景观	Effective mesh size	ha
CONNECT	景观连接性指数	类型/景观	Connectance	%
CONTAG	蔓延度指数	景观	Contagion	%
PR	斑块丰富度指数	景观	Patch richness	
PRD	斑块丰富度密度	景观	Patch richness density	个/100 ha
RPR	相对斑块丰富度	景观	Relative patch richness	%
SHDI	香农多样性指数	景观	Shannon's diversity index	
SIDI	辛普森多样性指数	景观	Simpson's diversity index	
MSIDI	修正的辛普森多样性指数	景观	Modified Simpson's diversity index	
SHEI	香农均匀度指数	景观	Shannon's evenness index	
SIEI	辛普森均匀度指数	景观	Simpson's evenness index	
MSIEI	修正的辛普森均匀度指数	景观	Modified Simpson's evenness index	

5.1.4 实习目的

(1)学习景观格局分析的基本原理和方法。

(2)熟悉用于景观格局分析的常用工具和软件。

(3)掌握数据处理技能。

(4)基于所学专业知识,在实践中探索和发现问题,提高学生综合运用所学知识分析和解决问题的能力,加深对专业的认识,提高技能。

5.1.5 实习内容

(1)了解景观格局指数的概念、分类及其在环境管理和规划中的应用。

(2)学习使用并熟悉 GIS 软件(如 ArcGIS)加载、处理和分析地理数据的基本操作。

(3)获取、整理和准备景观数据,包括栅格和矢量数据。

(4)将景观数据导入 GIS 软件中,并了解数据在 GIS 环境中的表示形式。

(5)学习如何定义研究区域的边界或范围,以便进行景观格局分析。

(6)了解如何将景观要素分类,并为每个类别定义相应的属性。

(7)使用 Fragstats 软件计算景观格局指数,如斑块密度、边界密度、形状指数等。

(8)分析计算结果,解释不同景观指数的含义,并与实际场景进行对比和讨论。

(9)撰写实习报告,总结分析过程、结果和结论,并提出进一步的建议和改进方案。

5.1.6 实习方法

1. 实习工具及资源准备

(1)GIS 软件,例如 ArcGIS 或 QGIS,用于数据处理和分析。

(2)Fragstats 软件,用于景观格局指数的计算。

(3)统计分析软件,如 R 软件,用于计算和统计。

2. 景观格局指数计算实例——以荔波县景观指数计算为例

(1)基础数据获取。行政边界数据和土地利用数据均来源于资源环境科学数据平台(https://www.resdc.cn/),该网站包含我们国家各个省份多个年份的土地利用数据和各个省份的行政边界数据。

(2)利用 ArcGIS 软件对数据进行预处理。根据《土地利用现状分类》(GB/T 21010—2017),利用重分类工具将土地利用主要分为耕地、林地、草地、水域、建设用地、未利用地六类,导出为 TIFF 格式(见图 5-2)。

(3)创建模型。打开 Fragstats 软件,点击左上角工具条上的【New】按钮或从【File】的下拉菜单中选择【New】选项,创建一个空白模型。接着点击【Add a layer】,打开输入数据对话框,在【Data type selection】下方选择【GDAL GeoTIFF grid(.tif)】,并在【Dataset name】的右侧添加从 ArcGIS 软件输出的 TIFF 格式文件(见图 5-3)。

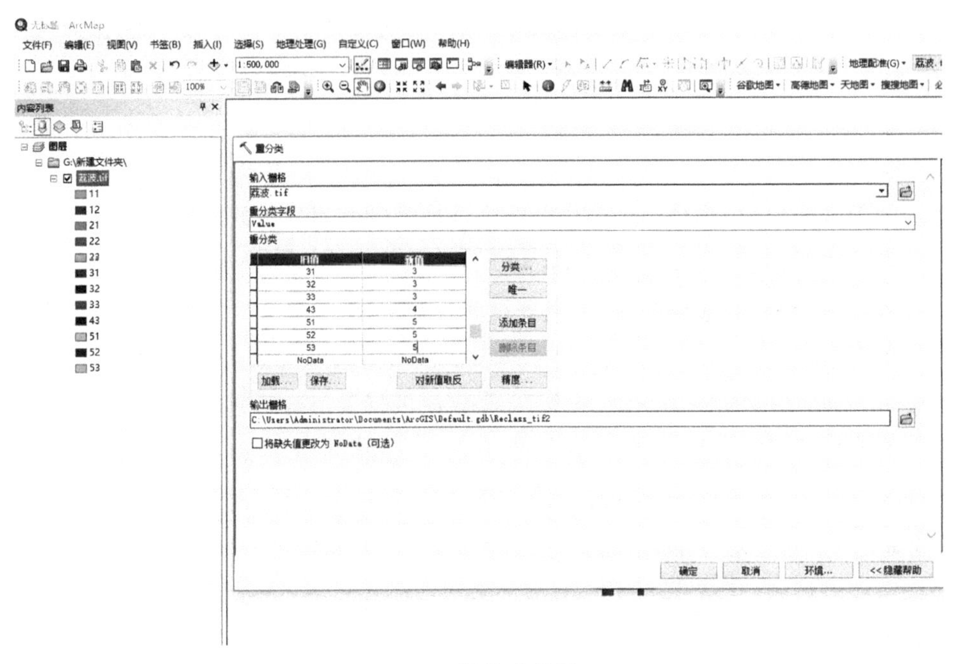

图 5－2　操作流程图 1

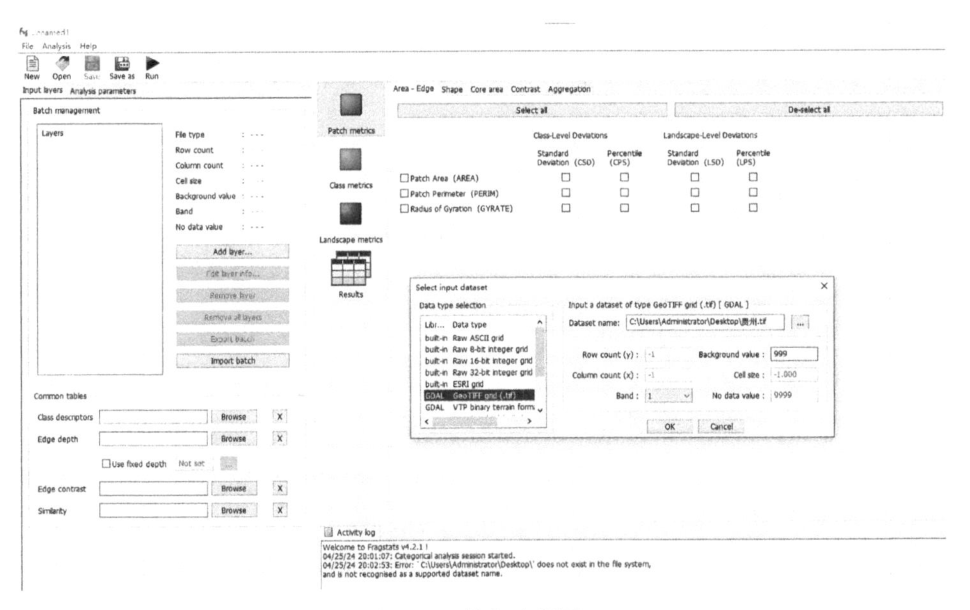

图 5－3　操作流程图 2

(4)景观格局指数计算。根据表 5－1，选择合适的景观指数，点击工具栏下方的【Analysis parameters】，并在下方选择【Use 8 cell neighborhood rule】。勾选【Patch metrics】、【Class metrics】、【Landscape metrics】以及【Generate patch ID file】（见图 5－4）。点击【Run】，运行即可得到景观格局指数数据（见图 5－5）。

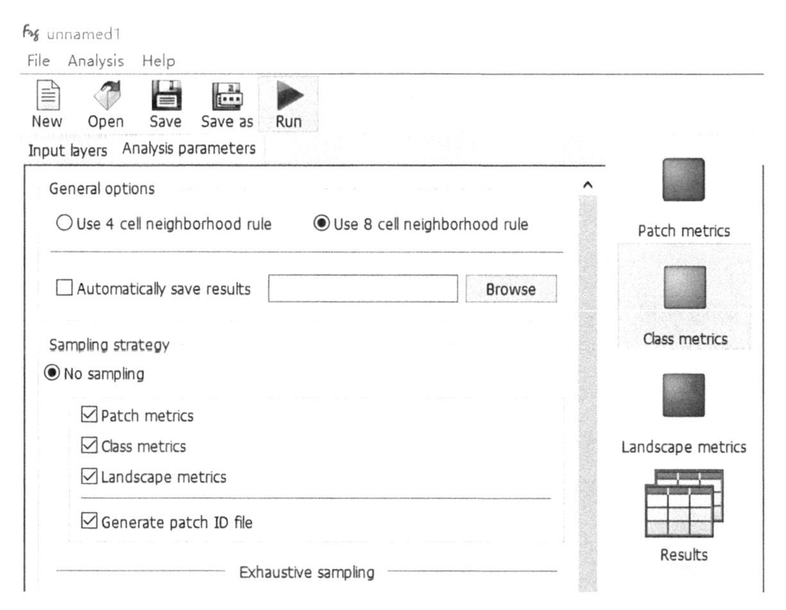

图 5-4 操作流程图 3

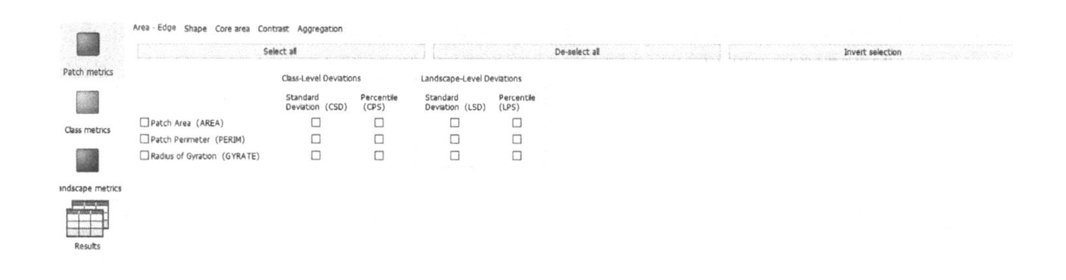

图 5-5 操作流程图 4

5.2 实习内容二十五:景观空间统计与分析

5.2.1 概述

景观空间统计是基本统计分析理论和方法在空间科学的应用与拓展,是统计学和地理学的交叉学科内容。空间统计方法是将地理空间参数(领域、区域、连通性和/或其他空间关系)通过构建统计模型进行直接量化,主要内容包括空间结构分析、空间自相关分析、空间内插技术等以及空间模型(冯益明,2005)。空间统计方法通过数学统计模型来描述空间现象和过程,应用空间分析模型进行有关空间自相关、空间插值、空间结构特征、空间模拟等方面的计算。

5.2.2 实习目的

景观空间统计与分析实践课的主要目的是培养学生运用统计和分析工具来理解和评估景观空间特征的能力。通过实践课程，学生可以学习如何收集、整理和分析地理信息数据，以揭示景观特征、模式和空间变化，这对于自然资源管理、环境保护、生态评估等有重要作用。此外，通过实践课程，还可以让学生学习如何运用统计分析结果来支持决策制定和空间规划，从而提高学生的专业能力和实践技能。

5.2.3 实习内容

(1)结合野外调查，进行数据收集与整理，学习如何获取地理信息数据(包括地形、土地利用、人口分布等方面的数据)，能处理这些数据并将其整理成适合分析的格式。

(2)学会景观空间统计与分析的相关概念和计算原理。

(3)学会使用 ArcGIS、GeoDa、R 等软件进行景观空间统计与分析，实现结果可视化和评价，评估空间模式，包括聚集、随机和分散等模式，以及解释这些模式背后的原因和影响。同时，应用这些方法来研究和解释地理现象，利用空间统计与分析的结果来支持空间规划和决策制定。

5.2.4 实习方法

1.地理数据获取

数据集包括地理信息系统(GIS)中的点、线、面等空间要素数据，或者栅格数据(如遥感影像)。采集数据时，要确保数据集的准确性和完整性。数据采集有以下几种方式：

(1)野外调查。第一，传统野外调查，通过现场测量，以及采用全站仪、全球定位系统(GPS)等设备现场进行数据采集；第二，采用以影像为主的方法，首先进行野外工作，创建简明的解译图例，然后进行航空影像解译；第三，采用以影像为指导的野外调查方法，在野外调查时，使用手持影像作为参考地图；第四，采用以景观为指导的方法，从解译影像开始，随后在野外工作中利用其指导采样和划分分区。

(2)将已有的纸质地图或其他传统影像转换为数字形式，如扫描。

(3)利用已有的数字数据集(政府、学术机构数据)。

(4)通过卫星、无人机或飞机获取遥感影像，然后进行解译。

2.景观空间统计常见分析方法及其参数

1)空间自相关概念

空间自相关是一种用来度量空间数据的分布特征和相互关系的统计方法，描述了地理事物在空间上可能存在一定程度的相似和依赖，这种“事物在空间上相互依赖、越邻近越相似”的现象便是空间自相关。空间自相关工具根据要素位置和要素值来度量空间自相关，在给定一组要素即相关属性的情况下，该工具评估所表达的模式是聚集模式、离散模式、随机模式(见图5-6)，通过计算 Moran's I(Moran，1948)指数值、z 得分和 P 值来对该指数显著性进行评估。空间正相关是在空间上邻近事物属性具有相似的趋势或取值，空间负相关是在空间上邻近事物属性具有相反的趋势或取值。空间自相关可分为全域空间自相关和局域空间自相关。全域空间自相关指标用于验证整个研究区域某一要素的空间模式，表达某事物的整体分布情况，分析事物在空间中是否有聚集特性存在，但不能指出具体聚集在哪些区域。局域空间自相关指标用于反映整个区域中，一个局部小区域单元上的某种地理现象或某一属性与相邻局部小区域单元上同一现象或属性值的相关程度(Getis et al.，1996)。聚集空间单元是相对于整体研究范围来说的，其空间自相关显著性大时，即本单元为聚集地区。

(a)离散模式

(b)随机模式

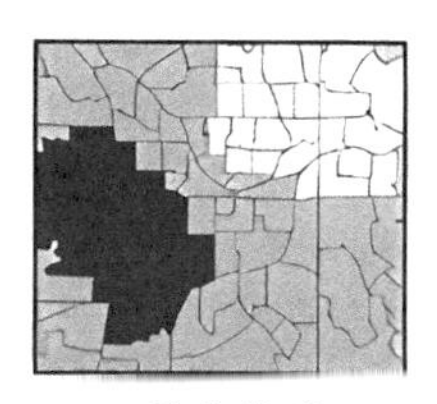
(c)聚集模式

图 5-6 空间分布模式图

注：离散说明相关程度小，随机表示不确定是否有相关性，聚集说明相关程度较大。

2)全域空间自相关

(1)Moran's I、Geary's C 指数。常用的全域空间自相关指标包括 Moran's I、Geary's C 指数等(Geary，1954)，它们用于衡量空间数据之间的相似性程度。其中，在 ArcGIS 中是通过计算 Moran's I 指数来得出全域空间自相关的。该指数是衡量空间自相关程度的一个综合性评价指标，用来评价数据在全域的聚集、离散或随机分布的程度，但只能看出其聚集趋势，不能看出是高值聚类还是低值聚类。Moran's I 指数的计算公式：

$$I=\frac{n\sum_{i=1}^{n}\sum_{j=1}^{n}w_{ij}(x_i-\bar{x})(x_i-\bar{x})}{\sum_{i=1}^{n}\sum_{j=1}^{n}w_{ij}\sum_{i=1}^{n}(x_i-\bar{x})^2}=\frac{\sum_{i=1}^{n}\sum_{j=1}^{n}w_{ij}(x_i-\bar{x})(x_i-\bar{x})}{S^2\sum_{i=1}^{n}\sum_{j=1}^{n}w_{ij}}$$

$$S^2=\frac{1}{n}\sum_{i}(x_i-\bar{x})^2$$

$$\bar{x}=\frac{1}{n}\sum_{i=1}^{n}x_i$$

Geary's C 指数的计算公式：

$$C=\frac{(n-1)\sum_{i=1}^{n}\sum_{j=1}^{n}w_{ij}(x_i-x_j)^2}{2\sum_{i=1}^{n}\sum_{j=1}^{n}w_{ij}\sum_{i=1}^{n}(x_i-\bar{x})^2}$$

式中，x_i和x_j是变量x在相邻配对空间单元的取值，$\bar{x}$是变量的平均值；w_{ij}是相邻权重，表示区域i和j的邻近关系或距离关系(通常规定，若空间单元i和j相邻，$w_{ij}=1$，否则$w_{ij}=0$)；n是空间单元总数。I指数的取值在-1到1之间，$I<0$表示空间负相关性，其值越小，空间差异越大；$I>0$表示空间正相关性，其值越大，空间相关性越明显；$I=0$表示不相关，即随机分布，即不能准确判断是正相关还是负相关。C指数的取值一般在0到2之间，大于1表示负相关，等于1表示不相关，而小于1则表示正相关。

(2)高/低聚类(Getis-Ord General G)。因为Moran's I指数无法判断空间数据的高/低聚类情况，故通常利用General G系数来判断聚类情况，使用Getis-Ord General G统计可度量高值或低值的聚类程度，当G得分为正，为高聚类；G得分为负，为低聚类。其计算公式如下：

$$G=\frac{\sum_{i=1}^{n}\sum_{j=1}^{n}w_{ij}\,x_i\,x_j}{\sum_{i=1}^{n}\sum_{j=1}^{n}x_i\,x_j},\forall j\neq i$$

式中，x_i、x_j是要素i、j属性值；w_{ij}是要素i和j之间的空间权重；n等于要素总数目；$\forall j\neq i$表示任意的i和j不能作为相同要素出现。

3)局域空间自相关

局域空间自相关反映的是局域小区域单元上的属性值与相邻局域小区域单元上同属性值的相关程度(刘世梁 等，2014)。在ArcGIS中，可用聚类和异常值分析(Anselin Local Moran's I)、热点分析(Getis-Ord-G_i^*)来分析局域空间自相关情况。在全域空间自相关分析中，通过计算Moran's I和高/低聚类，可知空间数据的相似性和聚类情况，但是判别不出来空间数据在空间上的分布特点，而聚类和异常值分析及热点分析能识别空间数据在空间上的聚类方式和嵌合特点。热点分析与聚类和异常值分析各有所长，其中，热点分析能够较为准确地分析出聚集区域，而聚类和异常值分析对聚集范围识别偏差较大，小于实际范围，能大致获得聚集区域的中心。同时，聚类和异常值分析对高值聚集的分析能力低于低值。

(1)局域空间自相关——聚类和异常值分析(Anselin Local Moran's I)。Anselin Local Moran's I计算公式如下：

$$I=\frac{(x_i-\bar{x})\sum_{j=1}^{n}w_{ij}(x_j-\bar{x})}{\frac{1}{n}\sum_{i=1}^{n}(x_i-\bar{x})^2}$$

式中，$i\neq j$，n是参与分析的空间单元数；x_i和x_j分别表示某现象X在空间单元i和j的观测值；w_{ij}是空间权重，表示区域i和j的邻近关系和距离关系。

(2)局域空间自相关——热点分析(Getis-Ord-G_i^*)。Getis-Ord-G_i^*计算公式如下：

$$G_i^*=\frac{\sum_{j=1}^{n}w_{i,j}\,x_j-\bar{X}\sum_{j=1}^{n}w_{i,j}}{S\sqrt{\frac{\left[n\sum_{j=1}^{n}w_{i,j}^2-\left(\sum_{j=1}^{n}w_{i,j}\right)^2\right]}{n-1}}}$$

式中，x_j是要素 j 的属性值，$w_{i,j}$是要素 i 和 j 之间的空间权重，n 为要素总数目，其中

$$\bar{X}=\frac{\sum_{j=1}^{n}x_j}{n}$$

$$S=\sqrt{\frac{\sum_{j=1}^{n}x_j^2}{n}-(\bar{X})^2}$$

4）其他空间统计方法及参数解析

（1）多距离聚类分析（Ripley's K）：确定要素（或与要素相关联的值）是否显示某一距离范围内统计意义显著的聚类或离散。计算公式如下：

$$L(d)=\sqrt{\frac{A\sum_{i=1}^{n}\sum_{j=1}^{n}k_{i,j}}{\pi n(n-1)}}$$

式中，d 是距离；n 等于要素的总数目；A 代表要素的总面积；$k_{i,j}$是权重，如果没有边校正，当 i 与 j 之间的距离小于 d 时，则权重等于 1，反之权重等于 0。

（2）平均最近邻（average nearest neighbor，ANN）。该分析方法通过比较计算最近邻点对的平均距离与随机分布模式中最近邻点对的平均距离，来判断其空间格局，可用于比较多份数据的聚集程度高低。平均最近邻认为，点格局随机分布时，上述两距离相等；点格局集聚时，前者会小于后者；而点格局发散时，前者会大于后者。平均最近邻由平均观测距离与预期平均距离的比值算出，计算公式如下：

$$\text{ANN}=\frac{\bar{D}_o}{\bar{D}_E}$$

$$\bar{D}_o=\frac{\sum_{i=1}^{n}d_i}{n}$$

$$\bar{D}_E=\frac{0.5}{\sqrt{\frac{n}{A}}}$$

式中，$\bar{D}_o$是每个要素与最邻近要素之间的观测平均距离；$\bar{D}_E$是随机模式下制定要素间的期望平均距离；n 表示要素数量；A 表示面积（最小外接矩形或指定）。

（3）增量空间自相关（incremental spatial autocorrelation）：测量一系列距离的空间自相关，并选择性创建这些距离及其相应 z 得分的折线图。z 得分反映空间聚类的程度，具有统计显著性的峰值 z 得分表示促进空间过程聚类最明显的距离。这些峰值距离通常为具有“距离范围”或“距离半径”参数的工具所使用的合适值。

基于 ArcGIS“分析模式”工具集和“聚类分布制图”工具集 z 得分和 P 值解释，统计的 z 得分按以下形式计算：

$$z(I)=\frac{I-E(I)}{\sqrt{\text{var}(I)}}$$

式中，$z(I)$、$E(I)$分别为 Moran's I 的 z 法检验值和数学期望。

在大多数统计检验中，都会预先设定一个零假设。在 ArcGIS 空间分析中（“分析模式”工具集和“聚类分布制图”工具集），零假设是完全空间随机的。因此，由分析模式工具所返回的 z 得分和 P 值，可以帮助我们判断是否可以拒绝零假设。z 得分表示标准差的倍数（标准差：数据偏离平均数的平均距离，可以表示离散程度）。P 值越小越能拒绝零假设（通常设定为 0.05或者 0.01），如拒绝零假设情况下，所计算的要素表现出显著的聚类或者离散。如图5－7所示，z 得分和 P 值都与标准正态分布相关联。在正态分布的两端出现非常高或非常低（负值）的 z 得分，这些得分与非常小的 P 值关联。当在 ArcGIS 分析中使用“模式分析”工具时，如果观测到某个要素的 z 得分位于正态分布的两端，即非常高或非常低（负值），同时伴随着极小的 P 值，这表明所观测到的空间模式很可能不是由随机因素导致的。换言之，这些结果提示我们的数据不太符合零假设所代表的理论随机模式。

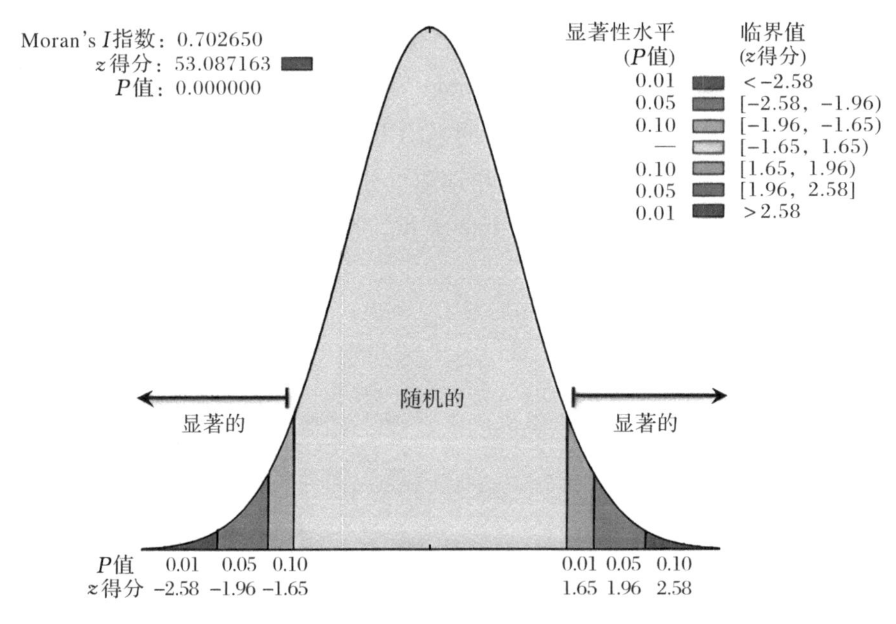

图 5－7　z 得分和 P 值示意图

（4）地统计学分析方法。地统计学（geostatistic）是一系列监测、模拟和估计变量在空间上的相关关系和格局的统计方法，是空间统计学的一部分。

地统计学分析主要包括利用半方差函数进行变异分析和空间插值。半方差分析作用是描述和识别格局的空间结构，以及进行空间局部最优化插值，即克里金插值。半方差也是估计变量空间自相关性的一种方法，如景观生态风险指数作为一种典型的区域化变量，它在空间上的异质性规律可以用半方差来分析：

$$\gamma(h)=\frac{1}{2N(h)}\sum_{i=1}^{N(h)}[Z(X_i)-Z(X_i+h)]^2$$

式中，h 为配对抽样的空间分隔距离；$N(h)$ 为抽样距离为 h 时的样点对的总数；$Z(X_i)$、$Z(X_i+h)$ 分别是景观生态风险指数在空间位置 X_i 和 (X_i+h) 上的观测值（$i=1,2,\cdots,n$）。

半方差是度量空间依赖性与空间异质性的一个综合性指标，它有 4 个重要参数：块金值、基台值、偏基台值、变程。

①块金值：代表区域化变量的随机性大小。从理论上来说，当采样点间的距离（h）为 0 时，半变异函数值应为 0，当间距无限趋于 0 时，对应的半变异函数值应该也趋近于 0，但由于存在测量误差和空间变异，使得两采样点非常接近时，它们的半变异函数值取值并不为 0，而是一个大于 0 的数值。这一数值便称为块金值。

②变程：用以衡量区域化变量自相关范围的大小。当半变异函数的取值由初始的块金值达到基台值时，采样点的间隔距离称为变程。变程是区域化变量 $Z(x)$ 空间变异尺度或空间自相关尺度（冯益明，2005）。在变程范围内，小于变程的距离所对应的样本位置与空间自相关，而大于变程的距离所对应的样本位置不存在空间自相关。

③基台值：用以衡量区域化变量变化幅度的大小。变异函数 $\gamma(h)$ 是一个单调递增函数，即 $\gamma(h)$ 随着（h）的增大而单调增加（冯益明，2005）。当采样点间的距离增大时，半变异函数值从初始的块金值开始上升，并在一个极限值附近波动，该值称为基台值（冯益明，2005）。当半变异函数值超过基台值，即函数值不随采样点间隔距离而改变时，空间相关性不存在。

④偏基台值：基台值与块金值的差值（曾辉 等，2017）。

半变异函数如图 5－8 所示。

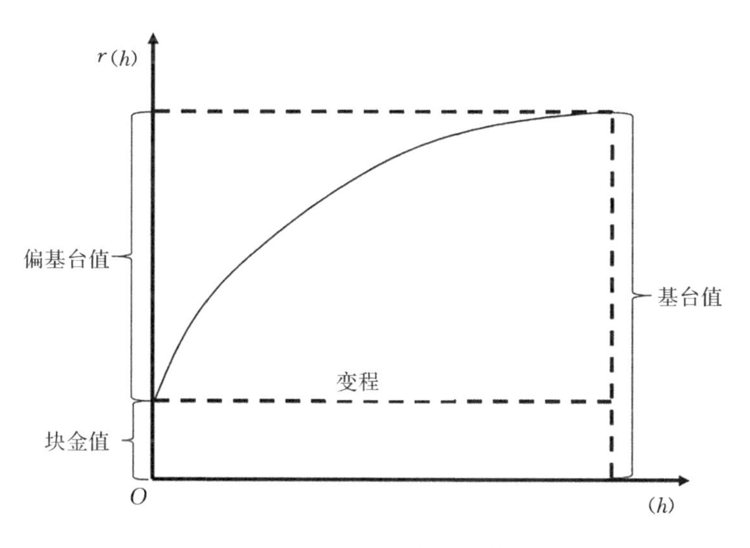

图 5－8　半变异函数示意图

3. 景观空间统计与分析实现步骤案例

(1)空间统计与分析的计算。其可以通过不同方法实现。

ArcGIS 软件中,空间统计与分析在【Spatial Statistic Tools. tbx】模块实现。地统计学分析方法主要通过【Geostatistical Analyst】扩展模块实现。

在 GeoDa 软件中,空间统计与分析在【Space】模块实现。

在 R 软件中,可以通过“stars”“sf”“spdep”“gstat”“erra”等程序包完成空间统计与分析。

(2)景观空间全域自相关分析(Moran's *I* 指数分析)——以某城市不同收入家庭的居住空间分布数据为例。

本实习以 ArcGIS 10.2 版本为例,数据来自“学研录”微信公众号分享。

打开 ArcGIS,链接一个新的文件夹——打开目标文件(家庭收入. shp)。

选择【工具箱】→【系统工具箱】→【Spatial Statistic Tools. tbx】→【分析模式】→【空间自相关(Moran I)】,如图 5-9 所示。

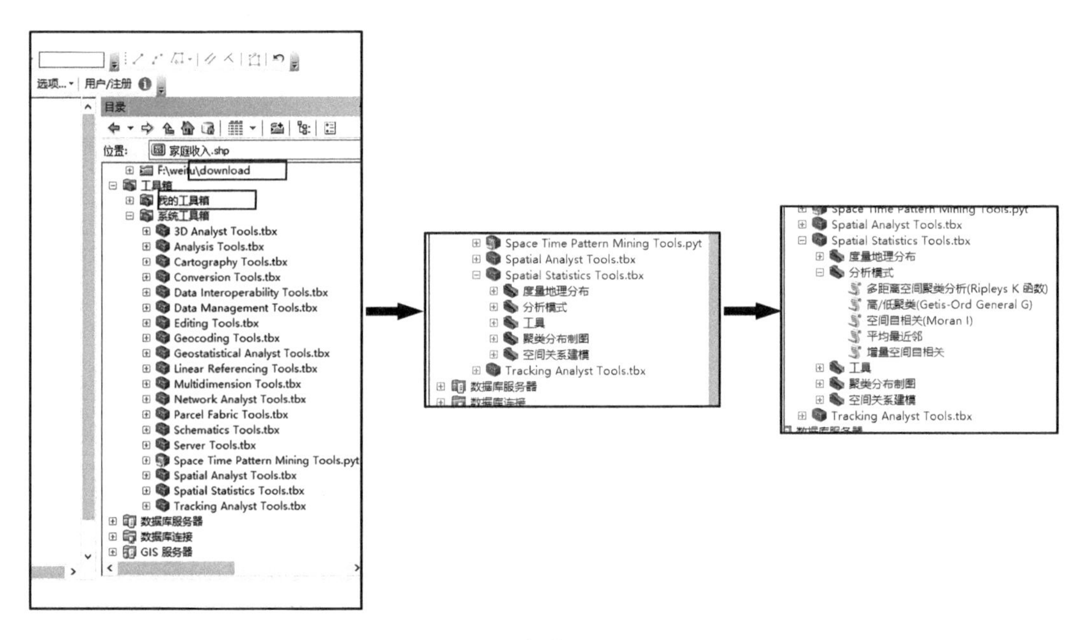

图 5-9 操作流程图 1

点击【空间自相关(Moran I)】,出现对话框(设置参数如图 5-10 所示)。“输入要素类”和“输入字段”点击下拉输入目标文件(家庭收入),其他参数一般为默认(视情况修改)。

点击【确定】(计算完成),在菜单栏打开【地理处理】,结果如图 5-11 所示。结果显示,Moran's *I* 指数为正,*z* 得分为 53.087,*P* 值为 0.000,说明该市的家庭收入呈显著的空间正相关。即高收入家庭聚集,且低收入家庭也聚集。

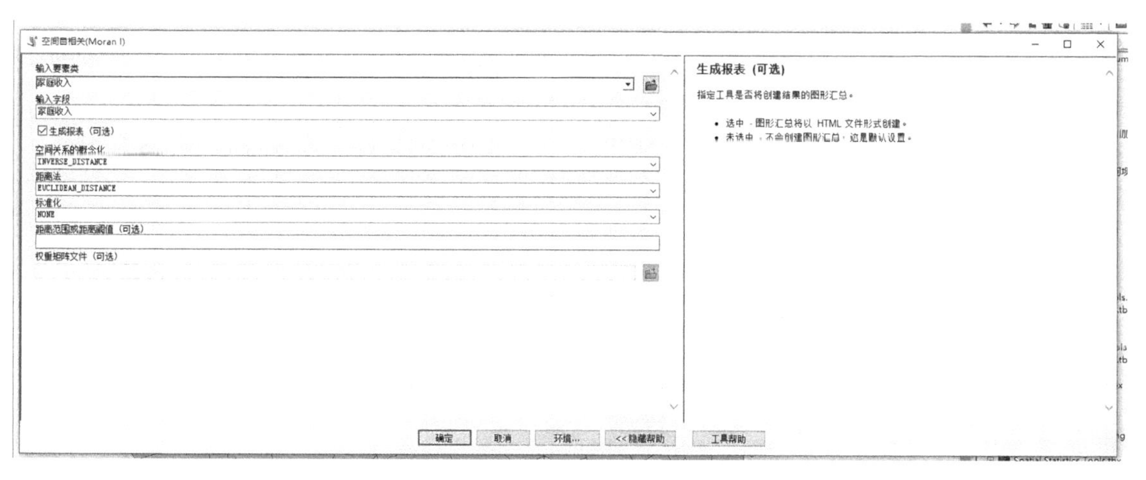

图 5－10　操作流程图 2

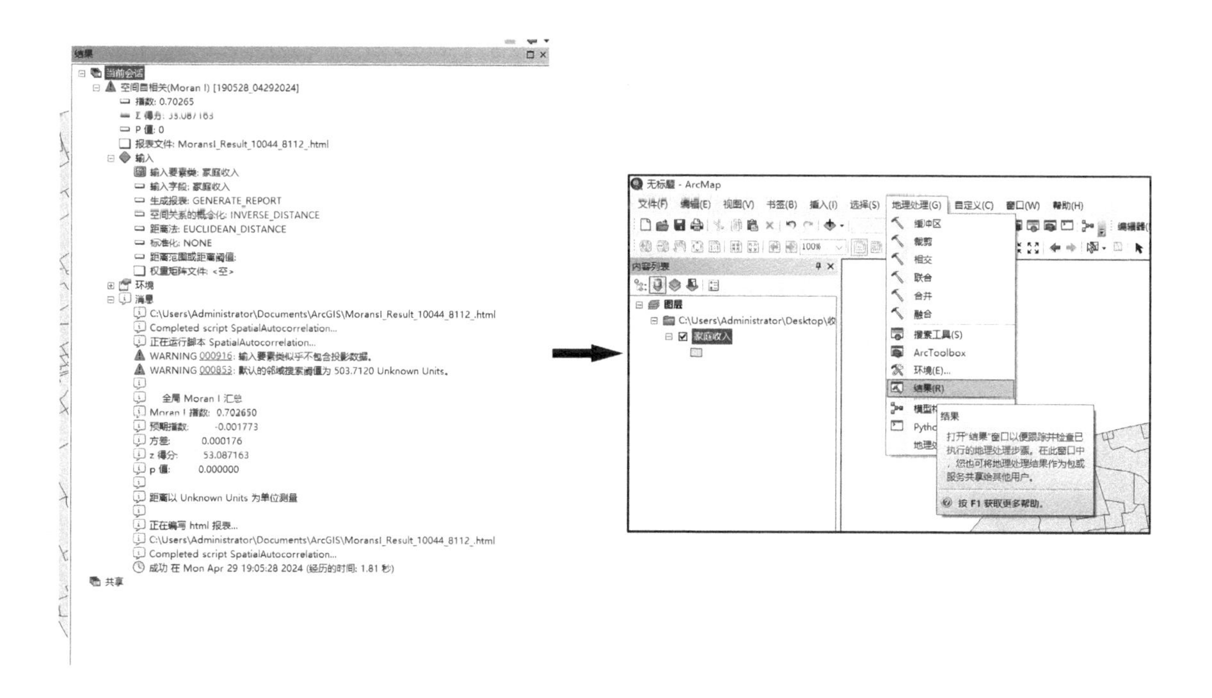

图 5－11　操作流程图 3(左)和结果(右)

在上述操作基础上，点击【结果】，点击【报表文件：Moran’s I Result_10044_8112_html】，出现下述结果图表(见图 5－12)。

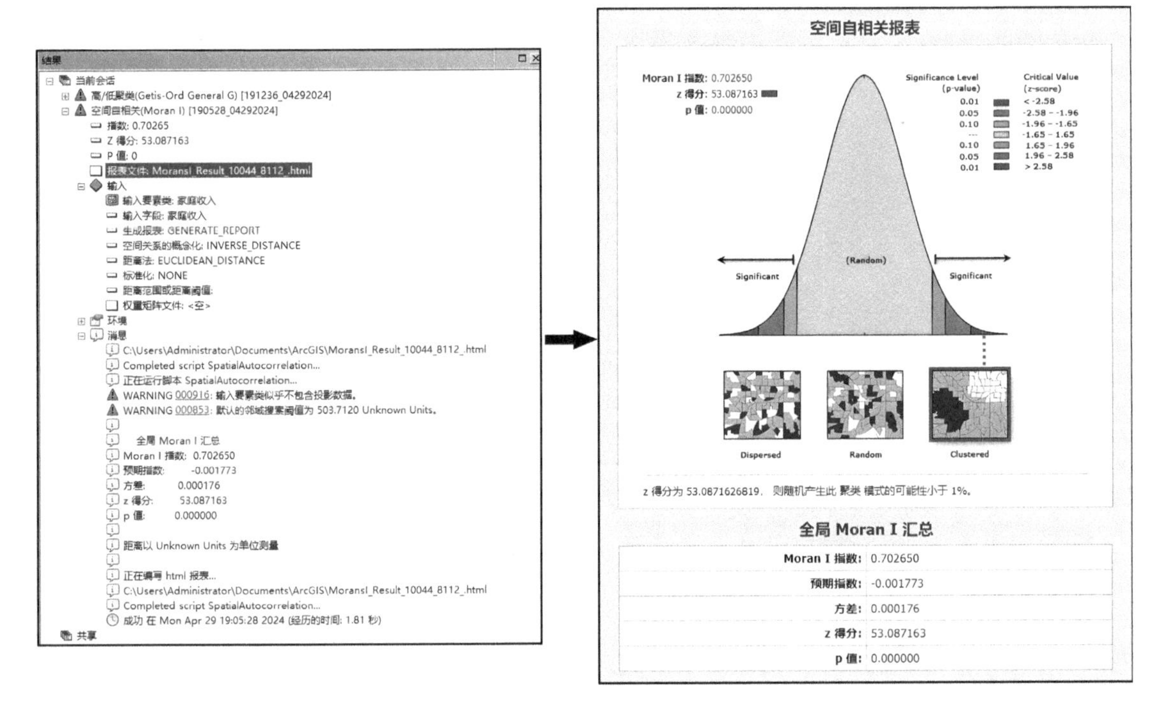

图 5-12　操作流程图 4(左)和结果(右)

5.3　实习内容二十六:景观生态规划

5.3.1　概述

早在景观规划提出之前,人们对于规划的认识就已经在逐步深入,开始认识到规划在调和人与自然关系、合理利用自然生态资源方面的重要性。景观规划从简单的土地利用规划到现在的规划中不断地融入生态学理念,这种转变意味着规划不再仅仅是简单地考虑土地利用和景观设计,而是更多地考虑生态系统的健康和功能,以及人类活动对生态系统的影响。生态方面的作用在规划中越来越受到重视(郭晋平 等,2011)。景观生态规划是涉及多学科知识的综合性规划工作,在不同的国家有不同的方法和实践。

景观生态规划综合了多个研究领域方法。景观生态规划可以划分为三个相互关联的主要方面,即景观生态调查、规划方案分析以及景观生态分析与综合评价,如图 5-13 所示。

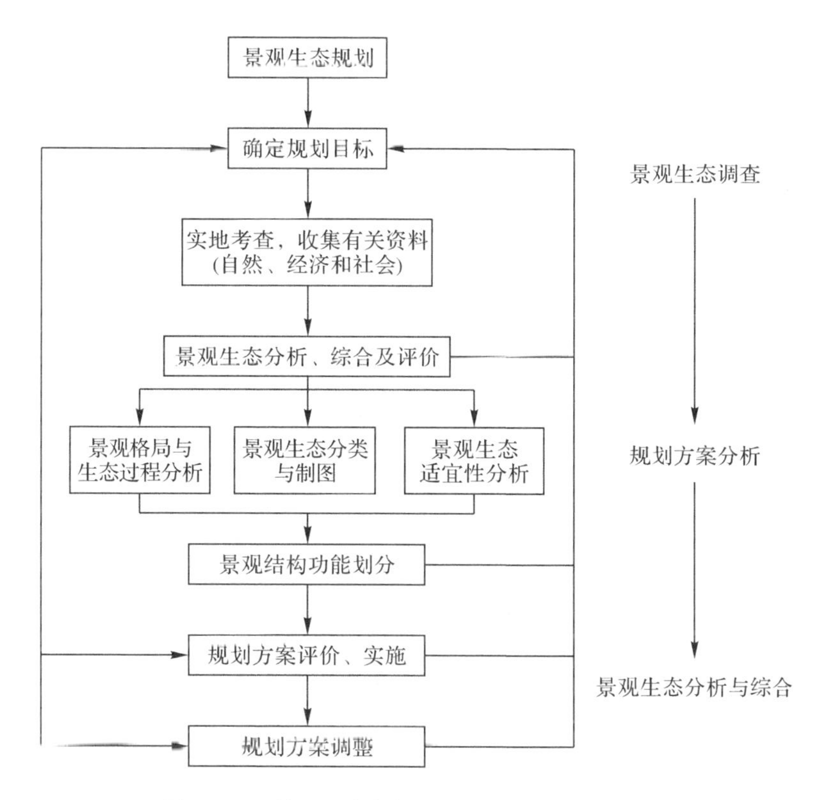

图 5-13　景观生态规划流程图(傅伯杰 等,2001)

5.3.2　实习目的

景观规划不仅与人类日常生活、生产活动直接相关,同时又基于人们对景观形成的自然过程和作用规律的深刻理解。因此,景观生态规划是一个多学科的综合性应用领域,是连接地质学、地理学、景观生态学、景观建筑学等学科,以及社会、经济和管理等学科领域的桥梁(何东进,2013)。通过对景观生态规划的学习,让学生可以识别并解决规划区域内不合理的问题,同时让同学们了解到获得地理信息和景观生态分类的方法,使同学们通过分析地理和人文信息数据,能制定出具有区域特色的景观功能分区。通过本节的学习,使得学生的创新能力、空间感知能力、团队合作能力、综合素质和实践能力得到提升。

5.3.3　实习内容

(1)获取规划区的范围及制定规划目标,包括近期目标和长远目标。

(2)景观生态调查,获取地理信息(地理位置、地形、地貌、水系、土壤类型等)和人文信息(该地区的文化信息、历史信息、宗教信息等)。

(3)景观生态分类的特征指标分析。

(4)划分景观功能区。

5.3.4 实习方法

1.规划区范围的获取及目标制定

通过查阅城市规划、土地规划、建筑规划等相关文件，了解规划区范围的具体划定，或向城市规划部门、土地规划部门、建筑规划部门等相关部门咨询，获取规划区范围的信息。

规划区的目标制定有近期目标和长远目标，近期目标主要通过改善景观设计、植被配置、景观设施，突出地方特色和城市的文化内涵，来提升景观品质或提高城市形象。长远目标则通过融入当地传统文化元素，提升人们的生活品质以及用合理的规划促进文化传承，促进城市生态平衡。

2.景观生态调查

(1)资料调查。查阅地图，包括地形图、水系图等，了解该地区的地形地貌特征和水系分布情况。查阅历史文献、地方志、档案资料等，了解该地区的历史沿革、文化遗产、重要事件等。利用数字化技术，如GIS，获取该地区的地形地貌、历史变迁等相关信息，辅助历史资源的调查和研究。

(2)实地调查。进行实地考察，沿着河流、湖泊等水体周边，登高望远，观察地形地貌特征，了解规划区的地势起伏、山水分布等情况；也可通过实地考察，寻找历史文物、古建筑、文化遗址；咨询专家，获取专业意见和建议，深入了解地区的水系和地貌资源；了解规划区的历史背景、文化内涵、建筑风格等；通过专家访谈，了解该地区的历史文化、人文地理、社会经济等方面的情况，获取专业知识和建议；通过社会调查，了解当地居民对历史文化的认知和态度，收集公众意见和建议；利用航拍技术，通过航拍无人机等设备，获取高清影像，全面了解地区的地形地貌特征(具体操作详见第1章实习内容二)和水系分布情况。

3.划分功能区

(1)根据功能需求划分。根据景观规划的功能需求，将景观空间划分为不同的功能区，如休闲区、运动区、文化区、生态保护区等。

(2)根据地形特点划分。根据地形特点和地貌特征，将景观空间划分为不同的区域，如山地区、水域区、平原区等。

(3)根据植被类型划分。根据植被类型和植被分布情况，将景观空间划分为不同的植被区域，如林地区、草地区、花园区等。

(4)根据人群活动习惯划分。根据人群的活动习惯和需求，将景观空间划分为不同的活动区域，如儿童游乐区、老年休闲区、青年运动区等。

(5)综合考虑多种因素划分。综合考虑功能需求、地形特点、植被类型和人群活动习惯等因素，进行综合划分，确保各功能区域之间的协调和互补。

科学合理地划分景观功能区，使景观规划更加符合实际需求，可提高景观空间的利用效率和美观度。

4. 实习结果的表达与分析

(1)通过对规划区域内的自然环境、生态系统、生物多样性等进行评估,分析其现状和存在的问题。

(2)根据环境评估和规划目标,制定景观生态规划方案,包括生态修复、绿地建设、水系规划、景观设计等内容。

(3)定期对规划实施的效果进行评估,包括生态环境的改善、人们生活质量的提高、规划目标的实现情况等。

(4)根据规划区的地形地貌以及其人文特征,划分合适的功能分区。

5.4 实习内容二十七:景观生态管理

5.4.1 概述

景观生态管理是一个集合了生态学、景观生态规划、景观设计的景观生态工程,是多学科知识的综合性管理方法(肖笃宁 等,1998)。生态系统管理涉及生物多样性、生态平衡、土壤保护、水资源管理、气候调节等多个方面,旨在合理开发自然资源,维持正常的生态及演化过程,进一步保护、恢复和可持续利用生态系统的功能和结构(Grumbine,1997)。景观管理策略可促进生态系统服务的多功能发展和社会公平。随着科学技术的发展,景观生态学原理、方法和技术近年来已广泛应用于森林资源的开发与管理方面(陈吉泉,1995;Jerry et al.,1987)。众多学者指出,空间和景观尺度是考虑自然资源的宏观可持续利用以及应对全球气候变化的生态影响的最合适尺度,因为区域景观尺度能有效地展现自然生态系统与人类活动的多样性、变化性及其空间模式(Forman,1990)。景观生态学在自然资源的管理和使用中日益受到重视(Pastor,1995)。

5.4.2 基本原则

1. 结构和功能整体性原则

景观是由各种不同的生态系统镶嵌而成的,是自然和文化的复杂载体。景观生态过程塑造景观格局,景观格局影响景观生态过程及其功能。景观生态管理需要将景观系统作为一个整体来考虑,以实现景观系统的整体优化和资源的合理配置。例如,大型流域通常横跨多个管理区域,分散管理往往导致管理效率低下或效果不佳,且景观要素在流域上、中、下三部分的时空分布和动态变化无法在整体上得到体现。

2. 多功能和多样性原则

多功能景观要求景观生态管理全面协调不同的土地利用目标,并做出最佳的多目标决策。多功能景观是一种全面的景观生态管理策略,其主要目标是使不同的土地利用功能适应当地的生态条件，并组织不同类型土地利用之间的功能互补。因此，考虑到景观系统所需的多功能性，景观生态管理是通过优化多个目标来有效实现景观功能的先决条件。生态系统结构的复杂性和生物多样性对于生态系统适应环境变化、生态系统稳定性和功能优化至关重要。保护生物多样性是生态系统管理计划的一个组成部分。

3. **动态性和适应性原则**

景观是复杂、开放和动态的系统，主要以结构和功能的变化为特征。生物与生物之间以及生物与环境之间的相互作用有助于维持系统在成本和效益方面的投入和产出需求之间的平衡。在自然环境中，生态系统的演变过程一般会趋向于增加物种的多样性、提高结构的复杂性，并使其生态功能趋于完整。景观生态管理方案不能只适应景观的固定状态，而是要让管理保持灵活性，适应动态变化。管理方案必须具有灵活性和可调整性，并尊重适应性原则，适应性管理必须满足更新和可调整的需要。

4. **创造性和可操作性原则**

景观管理的目的是保持景观的可持续发展，充分考虑可行性和绩效，因此景观管理所需的制度保障以及人力、物力和财力支持，是实施该管理方案并发挥其整体作用的关键。因此，这一原则强调管理措施和解决方案应不仅具有创新性，开发新的方法、技术或理念来应对景观生态管理中遇到的挑战，而且必须是可行的、可实施的，确保这些创造性的解决方案能够在现实世界中得以实施。这需要考虑方案的经济性、技术可实施性、法律和政策支持，以及地方社区的接受度和参与度，这意味着管理策略应当既能有效解决实际问题，又能适应具体的环境和社会经济条件。

5. **可参与性原则**

人类不仅是造成景观结构和功能退化的重要因素，也是景观保护和恢复工作的主体，在景观维护和管理中，必须始终考虑社会和人为因素。因此，景观管理的社会性不仅需要管理人员的积极性，还需要景观管理的目标和措施符合公众利益和当地社区的长远利益，鼓励公众参与管理和决策，增加公众对景观变化和适应所带来的问题的理解，增强公众对管理重要性和相关性的认识，这也将有助于管理措施的实施和执行，并使景观管理得到更广泛的社会支持。

5.4.3 实习目标

(1)理解并分析生态系统的组成与功能，包括物理、生物和人文因素如何相互作用。

(2)掌握基本的生态调查技术，包括物种识别、生态系统服务评估和环境质量监测。

(3)评价景观生态管理措施的效果，使用科学方法和工具进行监控和数据分析。

5.4.4 实习流程

1.问题的识别与目标确定

选择及阅读与项目地相关的生态学、景观设计、环境科学的相关文献；调查与收集研究区域的历史生态数据，如气候变化趋势、植物群落的演替历史；使用 GIS 工具进行基础地形、地貌的分析；进行野外调查，获取物种数据库，进而分析植被分布、水文状况，评估潜在的自然灾害风险。

2.数据收集

(1)使用 GIS 工具进行基础地形、地貌的分析。第一，从地方政府、环境部门或已有的研究项目中获取研究区的基础地理数据，包括高分辨率的卫星图像、地形图和已有的生物分布数据(可直接网上下载)。第二，实地调研。使用无人机进行高精度的航拍，获取最新的地貌和植被覆盖情况。接着，将收集到的数据导入 ArcGIS 软件，使用 ArcGIS 软件的分析工具，如缓冲区分析、叠加分析和地形分析等，以评估植被覆盖状态、地形的影响以及可能的水流模式，同时利用 ArcGIS 软件进行物种重要性和敏感区域(如水源地保护区)的识别。

(2)现场调查数据采集。进行生物多样性调查，包括植物、鸟类及其他关键物种的识别与登记；进行土壤质量测试，如 pH 值、有机质含量及重金属含量的检测等。

①动物物种调查。

A. 工具：备好记录设备(笔记本、笔、相机)、采样工具(网兜、夹子)、测量工具(尺、GPS 设备)。

B. 物种识别：通过实地观察和采样，记录关键的植物、昆虫、鸟类和其他动物种类。

②水体状况测量。

A. 测量指标：水温、pH 值、溶解氧含量、浊度和营养盐水平等。

B. 工具：水质测试套件、电子水质分析仪。

C. 操作步骤：在水体的不同区域采集水样，使用水质测试套件现场测定基本指标，记录详细数据，并将部分水样带回实验室进行进一步分析(详见本书第 4 章)。

③物种数据调查。调查该地区物种数据库，计算该地区的物种多样性及其分布格局等指标(详见本书第 2 章、第 3 章)。

④土壤质量测定。

A. 测量指标：pH 值、有机质含量、全氮含量、速效磷含量、速效钾含量及重金属含量等。

B. 操作过程：按照标准化方法从不同位置和深度采集土壤样本，现场记录样本的 GPS 位置，使用土壤测试套件进行基础指标的现场测试，并将部分样本带回实验室进行详细分析(详见本书第 4 章)。

3. **环境评估和设计实施**

(1)生态环境评估。根据实地调研数据和 GIS 分析结果，收集相关的生态环境数据，包括地形、土壤、植被、水资源等，进一步分析关键的生态系统服务和潜在威胁，如水源保护区的识别和外来种的潜在影响。同时，进行生态环境评估，分析生态系统的结构、功能和服务价值，识别生态敏感区域(如水源保护区)和重点保护区域，以及分析物种多样性与地理、气候因素的关联(详见本章第 2 节)等。

(2)问卷调研。吸引利益相关者的参与，包括政府部门、社区居民、专业机构等。同时，进行利益相关者的调查和访谈，了解他们的需求、期望和意见，将其纳入管理方案的制定和实施过程中。

(3)制定管理策略和实施计划。

①制定管理策略：设计以恢复和提升原生植被覆盖度为核心的管理策略；提出可能的土地利用调整方案，如建立生态保护区或限制某些开发活动。

②制定实施计划：明确各个管理策略的执行时间表、所需资源(如人力、材料)、预算和预计成效；明确项目的关键活动节点，分配资源和责任；制定详细的预算，使用 Excel 等工具进行成本分析，并考虑长期维护费用；制定时间表，重点关注季节性工作，如植被种植的最佳时间和水文周期。

(4)规划设计与空间布局。基于生态环境评估和管理策略，进行生态恢复、景观规划和设计，确定空间布局和功能分区。设计生态廊道、绿道、湿地公园等生态景观，提升生态连通性和景观的可持续性。如在适合时间进行原生植物的种植，实施侵蚀控制措施如植被垫；在选择的区域进行土壤改良，如增加有机物料；选择合适的种植方法，如直播或苗圃育苗后移植。

4. **实施与监测**

实施管理策略和措施，包括资源保护、生态修复、生态补偿等。同时，建立监测和评估体系，定期对生态环境和资源利用进行监测和评估，并及时调整管理方案和措施。

1)管理策略

(1)生态恢复。

①基于恢复原生植被的策略：选择适合当地气候和土壤的原生植物种类进行重新种植；按计划进行除草和外来种控制，特别是在生态敏感区。

②土地利用调整策略：建议建立生态缓冲区，限制影响大的开发活动，如限制建设或扩展旅游设施。同时，在 GIS 中制定和调整规划区域，确保重要的水文和生物多样性区域得到保护。

(2)资源保护。

①设立保护区：设定核心保护区域，限制所有形式的开发活动。

②法律法规强化：实施与保护本地生物多样性和自然资源有关的法律和政策。

③社区参与：教育并动员社区居民参与保护活动，如举办环保活动。

(3)生态补偿。

①环境损害补偿:对因开发活动影响生态系统服务的企业或个人进行生态补偿。

②支持可持续发展项目:资助当地可持续发展项目,如有机农业、生态旅游等。

2)建立监测体系

根据需要监测的生态指标(如水质、土壤质量、气候因素),选择设备。

(1)水质监测。监测指标包括 pH 值、溶解氧、浊度、电导率及总磷总氮含量等。选择安装点时,最好是水体中心或代表性监测点。注意,应使用支架将监测设备固定在水中,确保设备部分浸没水中。同时,要将设备与岸上的数据接收器连接,并通过无线网络确保数据能实时传输到监控中心。

(2)气候监测。监测指标包括温度、湿度、降水量、风速和风向等环境指标。选择安装点时,需要确保无遮挡物影响指标测量(如高大树木或建筑物)。同时,将气象站与数据中心连接,确保信息的实时更新和传输。

(3)生物多样性监测。定期进行物种数据调查,如物种多样性指数、植物覆盖率、关键保护物种的种群数量等。

(4)土壤理化性质监测。定期对土壤理化性质进行调查测定,如 pH 值、有机质含量、土壤养分(N,P,K)、重金属含量等。

5.评估与调整

1)数据收集与分析

(1)收集监测数据。定期收集并记录从监测设备得来的数据,并观察植被恢复的进程和生物多样性的变化。

(2)数据整理。收集完所有数据后,先对数据进行预处理,包括清洗(去除无效、错误的数据点)和基本的统计描述(如平均值、标准差计算)。

(3)数据分析。运用统计软件对收集到的数据进行分析,以评估管理措施对生态系统服务和生物多样性的实际影响。

①时间序列分析:对气候和水质数据用时间序列分析方法,查看长期变化趋势。

②生物多样性变化分析:利用多样性指数(如香农-威纳多样性指数、辛普森多样性指数、均匀度指数等)评估植被恢复地区的生物多样性变化(详见本书第 2、3 章)。

③空间分析:在 GIS 中使用植被、水体和其他生态数据层,分析这些变量与生态服务(如碳储存、水源涵养)之间的空间相关性(详见本章第 2 节)。

2)评估调整结果

定期对管理方案的实施效果进行评估,分析成果和问题,解释统计结果,并将这些分析结果转化为具体的管理和保护建议,及时调整管理策略和措施,持续改进管理方案。

5.4.5 基于 ArcMap 的景观规划设计应用

基于区域数字高程模型、遥感影像、水域和边界矢量数据，提取高程、坡度、地形起伏度、坡向、植被覆盖度、水域距离和汇水量等因子，同时参考模拟评价指标体系，采用加权叠加分析方法进行生态敏感性分析，最终形成实验区域生态敏感性分布图并生成生态敏感性分析结果统计直方图。本案例采用荔波县的 DEM 数据。

首先进行栅格重采样，经过查看，示例 DEM 栅格数据与其他不一致，所以每一个单元栅格数值统一为 30 m×30 m。

操作流程：数据—栅格重采样—分辨率 30，数据集重命名为“示例数据 DEM 重采样”。如图 5－14 所示。

图 5－14　操作流程图 1

1. 高程值提取

操作流程：(选择文件“示例数据 DEM 重采样”)数据—数据处理(栅格重分级)，根据模拟评价体系进行赋值分级(见图 5－15)。

2. 坡度分析

(1)坡度分析，操作流程：(选择文件“示例数据 DEM 重采样”)空间分析—表面分析—坡度分析。

(2)坡度分级，操作流程：数据—数据处理(栅格重分级)，根据模拟评价体系进行赋值分级。操作流程如图 5－16 所示。

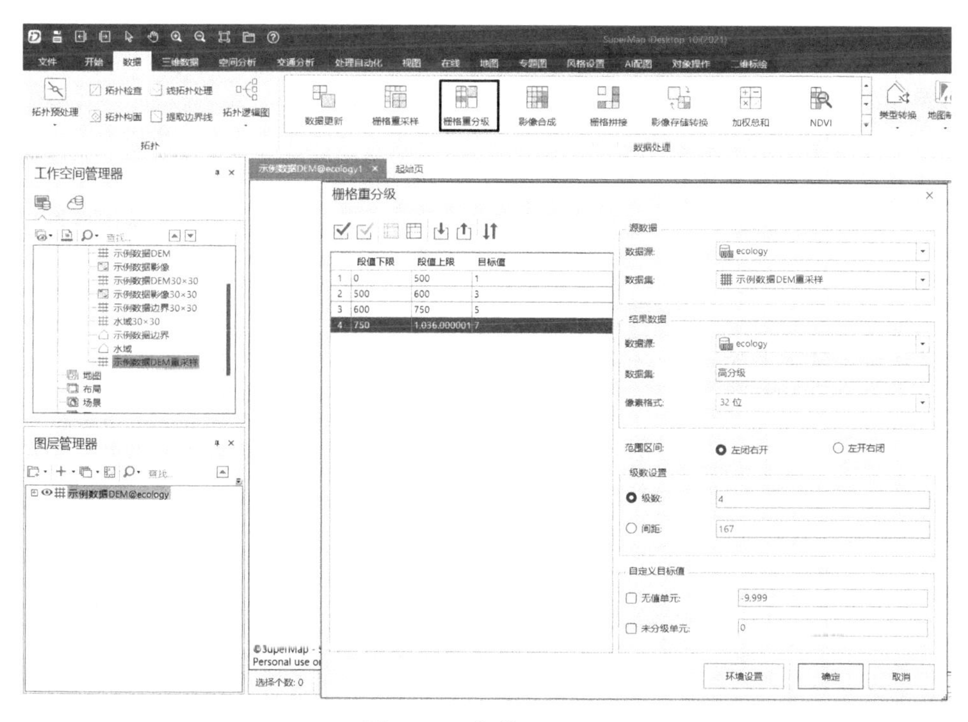

图 5-15 操作流程图 2

图 5-16 操作流程图 3

3. **地形起伏分析**

(1)操作流程:(选择文件“示例数据 DEM 重采样”)空间分析—栅格分析—栅格统计—邻域统计。

(2)先计算地形起伏最大值与最小值,如图 5-17 所示。

图 5-17　操作流程图 4

(3)地形起伏计算,操作流程:数据—数据处理(代数运算),如图 5-18 所示。

图 5-18　操作流程图 5

(4)地形起伏分级计算,操作流程:数据—数据处理(栅格重分级),根据模拟评价体系进行赋值分级,如图 5-19 所示。

图 5-19 操作流程图 6

4. 坡向分析

(1)操作流程:(选择文件"示例数据 DEM 重采样")空间分析—表面分析—坡向分析,如图 5-20 所示。

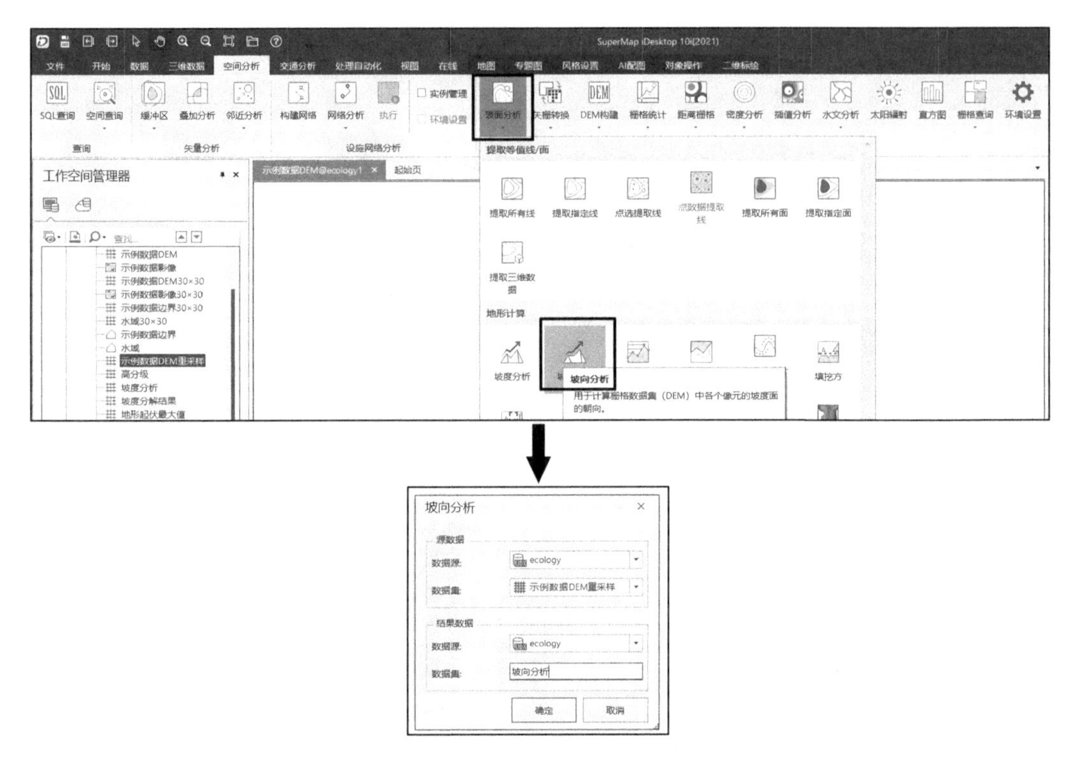

图 5-20 操作流程图 7

(2)坡向分级:地表面某一点的坡向表示经过该点的斜坡的朝向。坡向计算的范围是 0°~360°,以正北方 0°为开始,按顺时针移动,回到正北方以 360°结束。平坦的坡面没有方向,赋值为-1。坡向范围如表 5-2 所示。

表 5-2 坡向范围对照表

序号	坡向	角度值
1	北坡	(337.5°,360°],(0°,22.5°]
2	东北坡	(22.5°,67.5°]
3	东坡	(67.5°,112.5°]
4	东南坡	(112.5°,157.5°]
5	南坡	(157.5°,202.5°]
6	西南坡	(202.5°,247.5°]
7	西坡	(247.5°,292.5°]
8	西北坡	(292.5°,337.5°]

(3)操作流程:(选择文件"坡向分析")数据—数据处理(栅格重分级),根据模拟评价体系进行赋值分级,如图 5-21 所示。

图 5-21 操作流程图 8

5. 植被覆盖度分析

(1)操作流程:(选择文件“示例数据影像”)数据—NDVI,如图 5-22 所示。

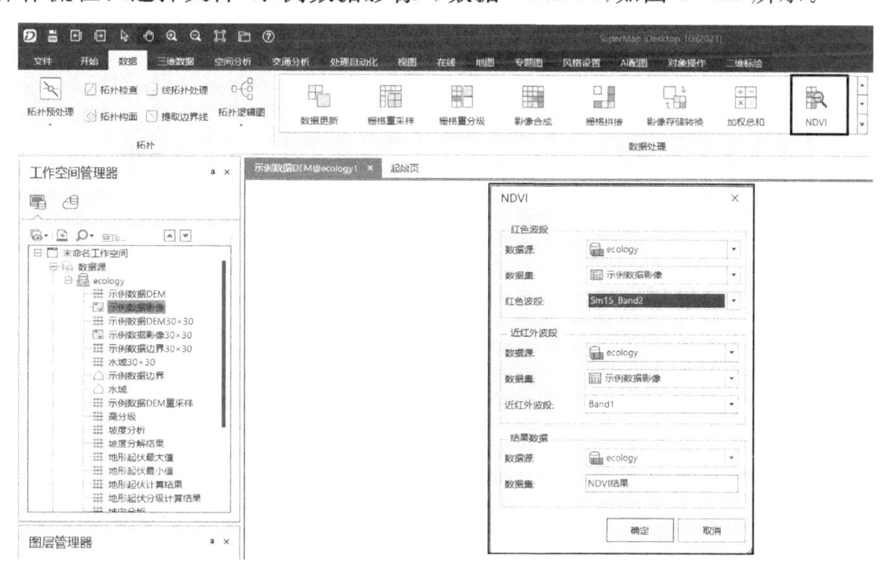

图 5-22 操作流程图 9

(2)NDVI 分级,操作流程:数据—数据处理(栅格重分级),根据模拟评价体系进行赋值分级,如图5-23所示。

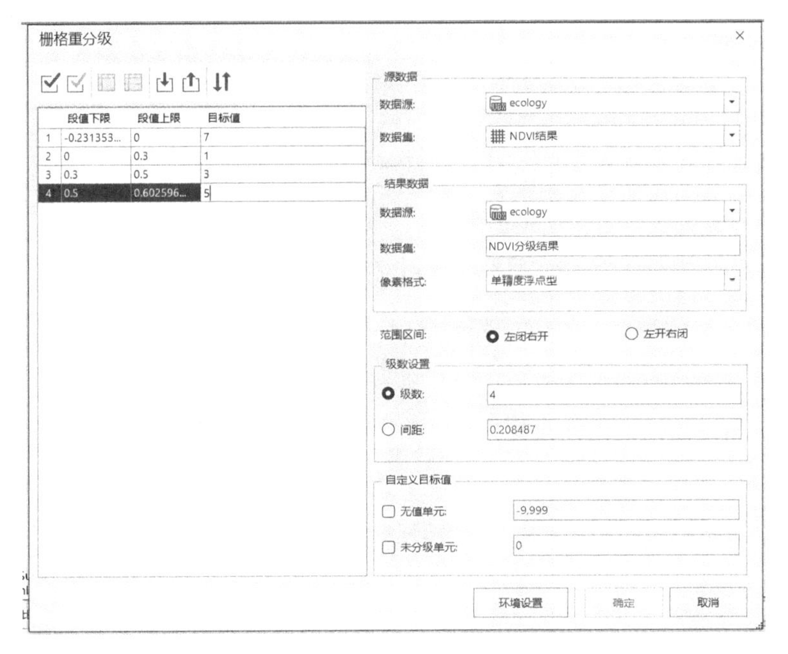

图 5-23　操作流程图 10

6. **水域分析**

(1)生成多重缓冲区，操作流程：空间分析—矢量分析—缓冲区(多重缓冲区)，按照模拟评价体系设置水域半径(100 m、300 m、1000 m)，如图 5-24 所示。

图 5-24　操作流程图 11

（2）边界和缓冲区的擦除计算，操作流程：空间分析—矢量分析—叠加分析（见图 5－25）。得到叠加分析擦除结果，所得结果为缓冲区 1000 m 以外范围。

图 5－25 操作流程图 12

（3）叠加分析结果数据集增加一栏，使其与水域缓冲区结果属性表一致，赋予缓冲区属性表以外的数值，如图 5－26 所示。

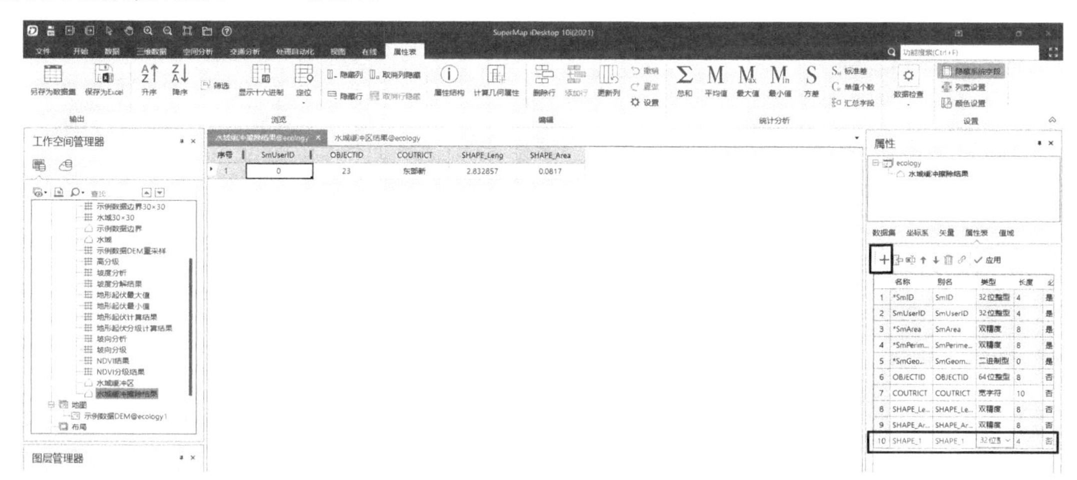

图 5－26 操作流程图 13

（4）更新运算，操作流程：空间分析—矢量分析—叠加分析。水域缓冲区结果与水域缓冲擦除结果更新运算，因为前面属性表改变了，如图 5－27 所示。

（5）在缓冲区更新结果数据集中新增一栏，按照评价体系赋值，如图 5－28 所示。

（6）对缓冲区更新结果进行矢量栅格化，操作流程：空间分析—栅格分析—矢量转换—矢量栅格化，如图 5－29 所示。

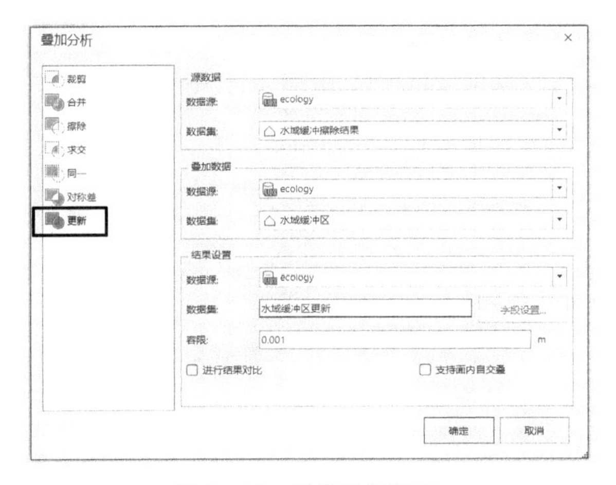

图 5-27　操作流程图 14

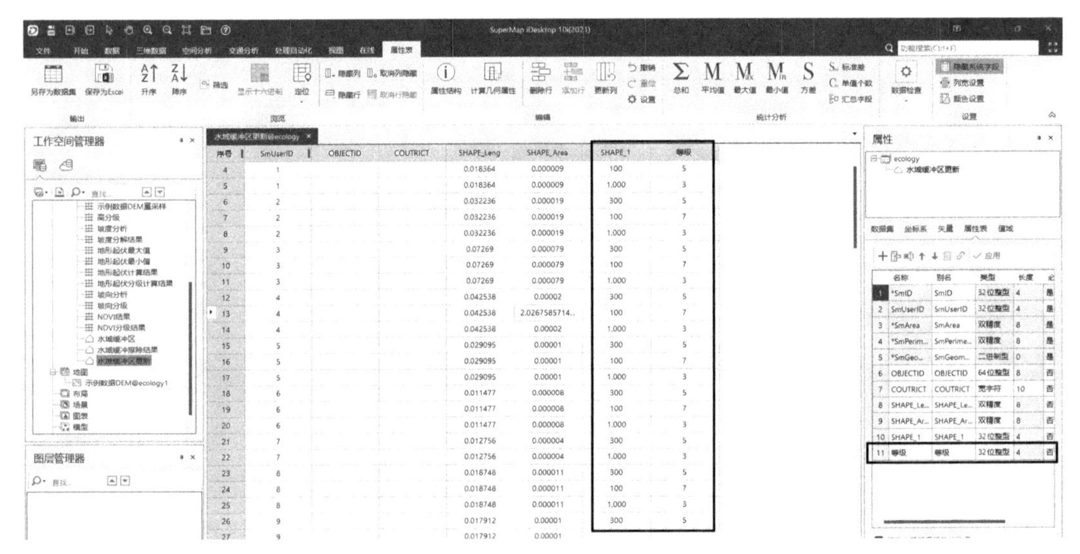

图 5-28　操作流程图 15

矢量栅格化

源数据

数据源: ecology

数据集: 水域缓冲区更新

栅格值字段: 等级

结果数据

数据源: ecology

数据集: 水域缓冲更新栅格化结果

参数设置

边界数据源: ecology

边界数据集:

将选中的面对象作为边界

像素格式: 32 位

分辨率: 89.622045

空白区域值: -9.999

环境设置　确定　取消

图 5-29　操作流程图 16

7. 雨水径流分析

在DEM数据中，由于数据处理的误差和使用不合适的插值方法，会产生洼地，这些洼地称为伪洼地。DEM数据中，绝大多数洼地都是伪洼地。伪洼地会影响水流方向并导致地形分析结果错误，因此，在进行水文分析前，一般先对DEM数据进行填充伪洼地的处理。

(1)操作流程：(选择栅格重采样后文件“示例数据DEM重采样”)空间分析—栅格分析—水文分析—填充伪洼地—数据集命名“填充伪洼地”，如图5-30所示。

图5-30 操作流程图17

(2)计算流向：流向，即水文表面水的流向。

操作流程：(选择上一步“填充伪洼地”文件)空间分析—栅格分析—水文分析—计算流向，如图5-31所示。

(3)计算汇水量。操作流程：(选择流向栅格数据集“DirectGridResult”)空间分析—栅格分析—水文分析—计算汇水量，如图5-32所示。

(4)提取栅格水系。操作流程：(选择“汇水量数据结果”文件)数据—栅格重分级，如图5-33所示。

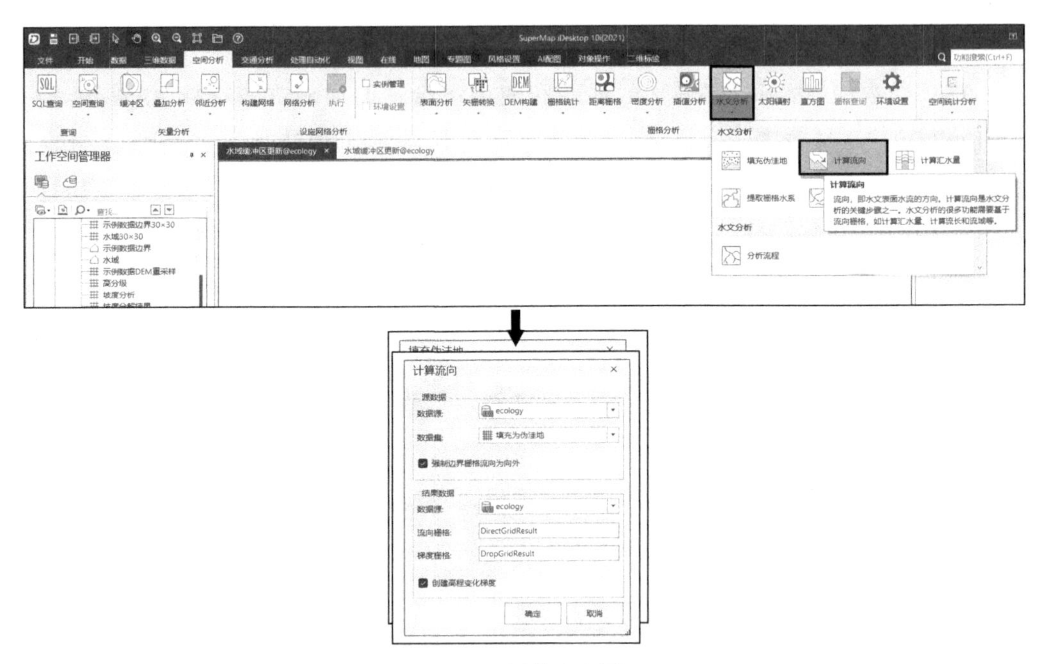

图 5-31　操作流程图 18

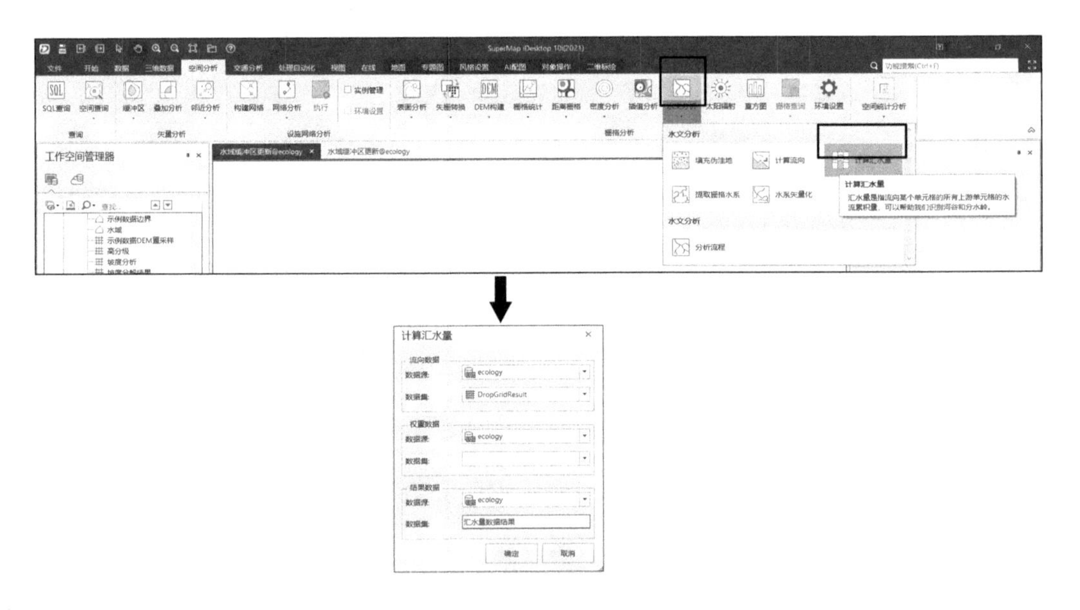

图 5-32　操作流程图 19

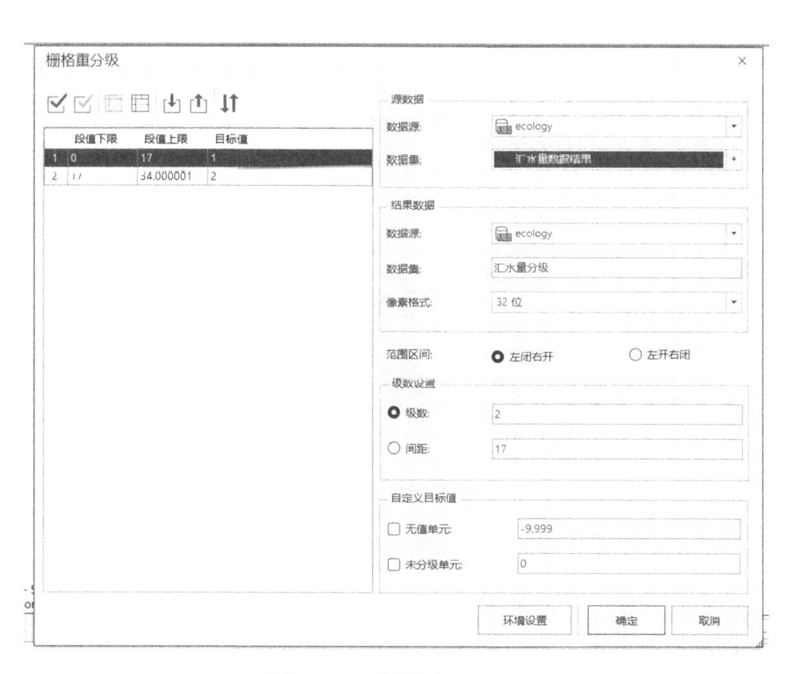

图 5-33 操作流程图 20

8.导出最终结果

(1)区域生态敏感性分布图。叠加分析的操作流程:数据—数据处理—加权总和,如图5-34所示。

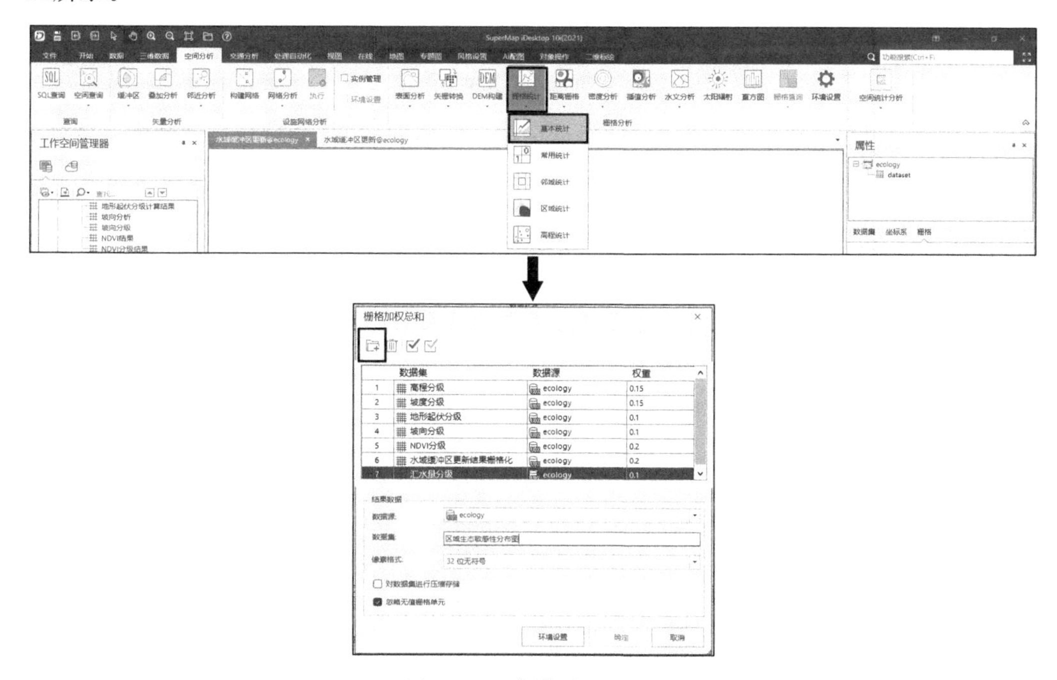

图 5-34 操作流程图 21

(2)生态敏感性分析结果统计直方图。操作流程:空间分析—栅格分析—栅格统计—基本统计,如图 5－35 所示,点击直方图。

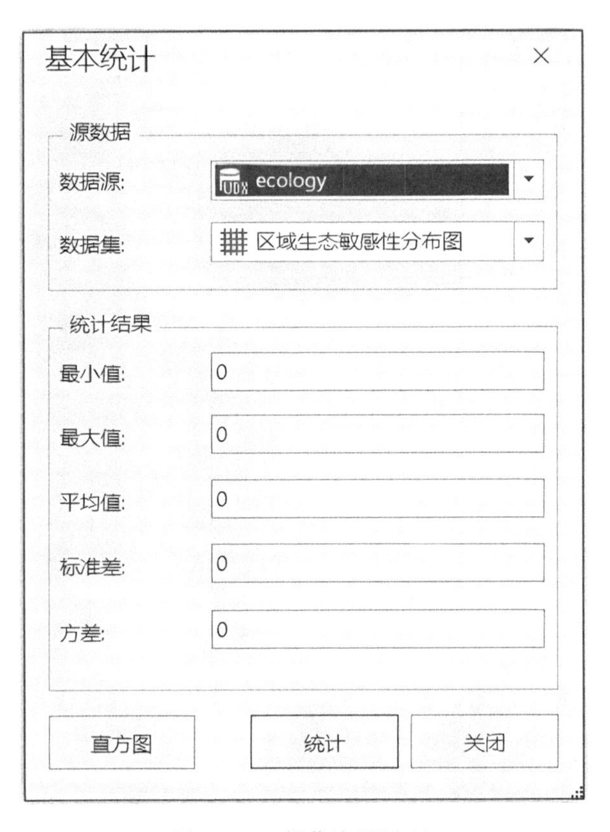

图 5－35 操作流程图 22

参考文献

柏新富，卜庆梅，谭永芹，等，2012. 植物 4 种水势测定方法的比较及可靠性分析[J]. 林业科学，48(12)：128－133.

曹慧，孙辉，杨浩，等，2003. 土壤酶活性及其对土壤质量的指示研究进展[J]. 应用与环境生物学报(1)：105－109.

曹鹏，贺纪正，2015. 微生物生态学理论框架[J]. 生态学报，35(22)：7263－7273.

陈聪琳，赵常明，刘明伟，等，2024. 神农架南坡小叶青冈＋曼青冈常绿阔叶林主要木本植物生态位与种间联结[J]. 生态学报(11)：1－15.

陈飞，王健敏，孙宝刚，等，2012. 云南松林不同层植物分布与地形、气候因子的关系[J]. 生态学杂志，31(5)：1070－1076.

陈吉泉，1995. 景观生态学的基本原理及其在生态系统经营中的应用[M]. 北京：科学出版社.

陈晓德，1998. 植物种群与群落结构动态量化分析方法研究[J]. 生态学报(2)：104－107.

陈智，于贵瑞，2020. 土壤微生物碳素利用效率研究进展[J]. 生态学报，40(3)：756－767.

丁献华，毕润成，张慧芳，等，2010. 霍山七里峪植物群落的种类组成和生活型谱分析[J]. 安徽农业科学，38(22)：12032－12033.

窦荣鹏，2010. 亚热带 9 种主要森林植物凋落物的分解及碳循环对全球变暖的响应[D]. 杭州：浙江农业大学.

方精云，刘国华，徐嵩龄，1996. 我国森林植被的生物量和净生产量[J]. 生态学报，16(5)：497－508.

冯铭淳，谢惠燕，邓宁栊，等，2024. 东莞市亚热带常绿阔叶次生林优势种生态位特征研究[J]. 热带亚热带植物学报(7)：1－10.

冯益明，2005. 空间统计学及其在森林图形与图像处理中应用的研究[D]. 北京：中国林业科学研究院.

傅伯杰，陈利顶，马克明，等，2011. 景观生态学原理及应用[M]. 2 版. 北京：科学出版社.

傅伯杰，陈利顶，马克明，等，2001. 景观生态学原理及应用[M]. 北京：科学出版社.

郭晋平，周志翔，2011. 景观生态学[M]. 北京：中国林业出版社.

郭澍，许佳扬，魏晓梦，等，2022. 原位酶谱技术在土壤酶活性研究中的应用进展[J]. 生态学报，42(3)：862－871.

郝文芳，杜峰，陈小燕，等，2012. 黄土丘陵区天然群落的植物组成、植物多样性及其与环境因子的关系[J]. 草地学报,20(4):609-615.

何东进,2013. 景观生态学[M]. 北京:中国林业出版社.

何嘉,2023. 克什克腾旗森林天然更新调查与分析[J]. 内蒙古林业调查设计,46(1):21-25.

贺纪正,王军涛,2015. 土壤微生物群落构建理论与时空演变特征[J]. 生态学报,35(20):6575-6583.

贺金生,韩兴国,2010. 生态化学计量学:探索从个体到生态系统的统一化理论[J]. 植物生态学报,34(1):2-6.

黄心怡,赵小敏,郭熙,等,2020. 基于生态系统服务功能和生态敏感性的自然生态空间管制分区研究[J]. 生态学报,40(3):1065-1076.

黄志强,邱景璇,李杰,等,2021. 基于 16SrRNA 基因测序分析微生物群落多样性[J]. 微生物学报,61(5):1044-1063.

姜懿珊,孙迎韬,张干,等,2022. 森林土壤微生物与植物碳源的磷脂脂肪酸及其单体同位素研究[J]. 地球化学,51(1):9-18.

蒋礼学,李彦,2008. 三种荒漠灌木根系的构形特征与叶性因子对干旱生境的适应性比较[J]. 中国沙漠(6):1118-1124.

金慧,赵莹,尹航,等,2017. 长白山濒危植物牛皮杜鹃(*Rhododendron chrysanthum*)种群数量特征与动态分析[J]. 生态学杂志,36(11):3123-3130.

雷颖,何雪娜,王佳敏,等,2022. 重庆喀斯特生境中桢楠种群结构与动态特征[J]. 生态学报,42(12):4903-4911.

李天星,徐建东,2013. 滇中针阔混交林火烧迹地的天然更新[J]. 江苏农业科学,41(2):285-288.

李甜甜,胡泓,王金爽,等,2016. 湿地土壤微生物群落结构与多样性分析方法研究进展[J]. 土壤通报,47(3):758-762.

李苇洁,李安定,陈训,2010. 贵州茂兰喀斯特森林生态系统服务功能价值评估[J]. 贵州科学,28:72-77.

李玉,2023. 喀斯特森林植物-凋落物-土壤生态化学计量特征研究[D]. 贵阳:贵州师范大学.

李镇清,刘振国,董鸣,2005. 植物群落动态的模型分析[J]. 生物多样性,13(3):269-277.

李芝倩,陈凯,杨芳颖,等,2017. 适用于入侵害虫治理的遗传调控技术[J]. 中国科学院院刊,32(8):836-844.

刘东霞,2004. 万木林主要群落凋落物的动态研究[D]. 福州:福建农林大学.

刘润红,陈乐,涂洪润,等,2020. 桂林岩溶石山青冈群落灌木层主要物种生态位与种间联结[J]. 生态学报,40(6):2057-2071.

刘世梁,刘琦,张兆苓,等,2014. 云南省红河流域景观生态风险及驱动力分析[J]. 生态学报,34(13):3728-3734.

刘姝媛，胡浪云，储双双，等，2013.3种林木凋落物分解特征及其对赤红壤酸度及养分含量的影响[J].植物资源与环境学报，22：11－17.

刘腾艳，2019.遥感结合过程模型的浙江省森林碳储量时空演变研究[D].杭州：浙江农林大学.

刘雪华，BRONSVELD M C，TOXOPEUS A G，等，1998.数字地形模型在濒危动物生境研究中的应用[J].地理科学进展(2)：52－60.

刘雨婷，侯满福，贺露炎，等，2023.滇东菌子山喀斯特森林群落乔木优势树种生态位和种间联结[J].应用生态学报，34(7)：1771－1778.

龙文兴，臧润国，丁易，2011.海南岛霸王岭热带山地常绿林和热带山顶矮林群落特征[J].生物多样性，19(5)：558－566.

罗绪强，张桂玲，杜雪莲，等，2014.茂兰喀斯特森林常见钙生植物叶片元素含量及其化学计量学特征[J].生态环境学报，23(7)：1121－1129.

吕宁宁，刘子晗，杨培蓉，等，2024.不同遮荫处理对杉木幼苗生长及土壤碳氮代谢酶活性的影响[J].生态学报(9)：1－12.

马海霞，张丽丽，孙晓萌，等，2015.基于宏组学方法认识微生物群落及其功能[J].微生物学通报，42(5)：902－912.

马世荣，张希彪，郭小强，等，2012.子午岭天然油松林乔木层种内与种间竞争关系研究[J].西北植物学报，32(9)：1882－1887.

孟婷婷，倪健，王国宏，2007.植物功能性状与环境和生态系统功能[J].植物生态学报(1)：150－165.

牛翠娟，娄安如，孙儒泳，等，2015.基础生态学[M].北京：高等教育出版社.

戚宝正，杨海镇，周华坤，等，2023.基于GIS的青藏高原生态服务功能定量评价[J].生态科学，42(1)：187－196.

曲浩，赵学勇，赵哈林，等，2010.陆地生态系统凋落物分解研究进展[J].草业科学，27：44－51.

任泽文，陈昕，陈玥，等，2024.亚热带森林演替中优势种茎干-土壤碳氮磷生态化学计量的变化特征[J].江西农业大学学报，7：1－12.

沈国英，施并章，2002.海洋生态学[M].2版.北京：科学出版社.

石若莹，朱清科，李依璇，等，2021.陕北黄土区坡面微地形与群落数量特征的关系[J].中国水土保持科学，19(3)：1－7.

史贝贝，2018.凋落物不同处理对土壤有机碳含量的影响[D].郑州：河南农业大学.

史涵，李蒙，王向东，2019.1980—2017年吉林省土地利用变化及驱动力分析[J].国土与自然资源研究(4)：14－16.

孙莉英，栗清亚，蔡强国，等，2020.水土保持措施生态服务功能研究进展[J].中国水土保持科学，18(2)：145－150.

孙儒泳，李博，诸葛阳，等，1993. 普通生态学[M]. 北京：高等教育出版社.
唐睿，彭开丽，2018. 土地利用变化对区域陆地碳储量的影响研究综述[J]. 江苏农业科学，46：5-11.
唐志尧，乔秀娟，方精云，2009. 生物群落的种-面积关系[J]. 生物多样性，17(6)：549-559.
童丽丽，汤庚国，许晓岗，2006. 中国城市森林群落结构研究[J]. 安徽农业科学(18)：4586-4589.
涂洪润，农娟丽，朱军，2021. 桂林岩溶石山密花树群落主要物种的种间关联及群落稳定性[J]. 生态学报，42(9)：1-18.
万凌凡，刘国华，樊辉，等，2024. 青藏高原东南部森林群落生态位特征与物种多样性的影响因素[J]. 生态学报，7：1-11.
王常顺，汪诗平，2015. 植物叶片性状对气候变化的响应研究进展[J]. 植物生态学报，39(2)：206-216.
王飞，曹秀文，刘锦乾，等，2022. 青藏高原东缘3种次生林优势种的种群结构与数量动态[J]. 西北农林科技大学学报(自然科学版)，50(7)：63-72.
王丽芸，李新，杨佳生，等，2022. 基于atp生物发光法的微生物数量快速检测技术的研究进展[J]. 微生物学通报，49(8)：3451-3468.
王平，李璐杉，丁智强，等，2024. 滇中地区主要森林凋落物有效截留量及其影响因素[J]. 水土保持研究，31：213-221.
王绍强，于贵瑞，2008. 生态系统碳氮磷元素的生态化学计量学特征[J]. 生态学报(8)：3937-3947.
王仰麟，1996. 景观生态分类的理论方法[J]. 应用生态学报，7(S1)：121-126.
韦红艳，徐铭，柴宗政，等，2023. 喀斯特次生林优势种群结构及数量动态[J]. 东北林业大学学报，51(7)：80-85.
邬建国，2007. 景观生态学：格局、过程、尺度与等级[M]. 北京：高等教育出版社.
吴建平，王思敏，蔡慕天，等，2019. 植物与微生物碳利用效率及影响因子研究进展[J]. 生态学报，39(20)：7771-7779.
吴征镒，孙航，周浙昆，等，2011. 中国种子植物区系地理[J]. 生物多样性，19(1)：148.
肖笃宁，李晓文，1998. 试论景观规划的目标、任务和基本原则[J]. 生态学杂志，17(3)：7.
肖梓波，2023. 茂兰喀斯特森林7种常见木本植物化学计量特征及其生境关联[D]. 贵阳：贵州师范大学.
许秋月，何敏，夏允，等，2024. 磷添加对森林土壤有机碳影响的研究进展[J]. 亚热带资源与环境学报，19(1)：9-15.
杨持，2014. 生态学[M]. 3版. 北京：高等教育出版社.
杨海江，勾晓华，唐呈瑞，等，2024. 2010—2021年中国森林生态系统服务功能价值评估研究进展[J]. 生态学杂志,43:244 - 253.

杨元合,石岳,孙文娟,等,2022. 中国及全球陆地生态系统碳源汇特征及其对碳中和的贡献[J]. 中国科学:生命科学,52:534 - 574.

杨振,刘会敏,杨芳,2012. 基于景观结构的林地生态风险空间统计分析[J]. 甘肃科学学报,24:139 - 142.

姚晓东,王娓,曾辉,2016. 磷脂脂肪酸法在土壤微生物群落分析中的应用[J]. 微生物学通报,43(9):2086 - 2095.

伊力塔,韩海荣,程小琴,等,2008. 灵空山林区辽东栎种群空间分布格局[J]. 生态学报(7):3254 - 3261.

游娟,林乐乐,谢磊,等,2017. 鹦哥岭海南五针松的种内和种间竞争[J]. 广西植物,37(6):7.

于菱云,萨如拉,海龙,2023. 森林生态系统服务功能价值评估研究综述[J]. 绿色科技,25(6):119 - 123.

玉峰,业涛,韩雪,2021. 生态系统功能价值评估技术初探[J]. 中国农业会计,9:14 - 18.

殈趹,张亮,崔林林,2020. 若尔盖高原生态系统水源涵养功能时空变化特征[J]. 生态学杂志,39(8):2713 - 2723.

曾辉,陈利项,丁圣彦,2017. 景观生态学[M]. 北京:高等教育出版社.

曾昭霞,王克林,曾馥平,等,2012. 桂西北喀斯特区原生林与次生林凋落叶降解和养分释放[J]. 生态学报,32(9):2720 - 2728.

张传余,喻理飞,姬广梅,2011. 喀斯特地区不同演替阶段植物群落天然更新能力研究[J]. 贵州农业科学,39(6):155 - 158.

张建利,吴华,喻理飞,等,2014. 草海湿地流域优势树种凋落物叶分解与水文特征研究[J]. 水土保持学报,28:98 - 103.

张金屯,2004. 数量生态学[M]. 北京:科学出版社.

张立伟,傅伯杰,吕一河,等,2016. 基于综合指标法的中国生态系统服务保护有效性评价研究[J]. 地理学报,71(5):768 - 780.

张娜,2014. 景观生态学[M]. 北京:科学出版社.

张滋芳,毕润成,张钦弟,等,2019. 珍稀濒危植物矮牡丹生存群落优势种种间联结性及群落稳定性[J]. 应用与环境生物学报,25(2):291 - 299.

赵晗,王海燕,罗鹏,等,2022. 微地形对云冷杉阔叶混交林土壤有机碳和全氮的影响[J]. 北京林业大学学报,44(8):88 - 97.

钟文辉,王薇,林先贵,等,2009. 核酸分析方法在土壤微生物多样性研究中的应用[J]. 土壤学报,46(2):334 - 341.

ANDERSON J P E, DOMSCH K H, 1978. A physiological method for the quantitative measurement of microbial biomass in soils[J]. Soil Biology and Biochemistry, 10(3):

215 - 221.

ANTHONY R,MARTHA F H,MICHAEL P M,et al,2013. Progress toward understanding the ecological impacts of nonnative species[J]. Ecological Monographs,83(3):263 - 282.

BAI J,XIAO R,ZHANG K,et al,2013. Soil organic carbon as affected by land use in young and old reclaimed regions of a coastal estuary wetland, China [J]. Soil Use and Management,29:57 - 64.

BERMINGHAM E,RICKLEFS R E,2004. History and the species-area relationship in lesser Antillean birds[J]. The American Naturalist,163(2):227 - 239.

CONDIT R,1998. Tropical forest census plots: Methods and results from barro Colorado island,Panama and a comparison with other plots[M]. Berlin:Springer Science & Business Media.

CORENTIN G, GILLES E, 2019. PER-SIMPER: A new tool for inferring community assembly processes from taxon occurrences[J]. Global Ecology and Biogeography,28(3/4):374 - 385.

DALE V H,PEARSON S M,OFFERMAN H L,et al,1994. Relating patterns of land-use change to faunal biodiversity in the central Amazon[J]. Society of Conservation Biology,8(4):1027 - 1036.

DÍAZ S,CABIDO M,1997. Plant functional types and ecosystem function in relation to global change[J]. Journal of Vegetation Science,8(4):463 - 474.

ELTON C S,1958. The ecology of invasions by animals and plants[M]. London: Methuen Press.

FANG J Y,WANG G G,LIU G H,et al,1998. Forest biomass of China:An estimate based on the biomass-volume relationship[J]. Ecological Applications,8(4):1084 - 1091.

FERRARI J R,LOOKINGBILL T R,NEEL M C,2007. Two measures of landscape-graph connectivity: Assessment across gradients in area and configuration [J]. Landscape Ecology,22(9):1315 - 1323.

FORMAN R T,1986. Landscape ecology[M]. New York:John Wiley & Sons.

FORMAN R T,1995. Foundations: Land mosaics: The ecology of landscapes and regions [M]. New York:Springer.

FORMAN R T,1990. Ecologically sustainable landscapes: The role of spatial configuration [M]. New York:Springer.

GARDNER R H,MILNE B T,TURNEI M G,et al,1987. Neutral models for the analysis of broad-scale landscape pattern[J]. Landscape Ecology,1(1):19 - 28.

GEARY R C,1954. The contiguity ratio and statistical mapping[J]. Mathematic,5(3):

115 - 141.

GETIS A, ORD J K, 1996. Local spatial statistics: An overview[J]. International Journal of Geographical Information Science, 374: 269 - 285.

GRIME J P, 1974. Vegetation classification by reference to strategies[J]. Nature, 250(5461): 26 - 31.

GRUMBINE R E, 1997. Reflections on "what is ecosystem management?"[J]. Conservation Biology, 11(1): 41 - 47.

GUO Y, BOUGHTON E H, LIAO H L, et al, 2023. Direct and indirect pathways of land management effects on wetland plant litter decomposition [J]. Science of the Total Environment, 854: 158789.

HE N, LI Y, LIU C, et al, 2020. Plant trait networks: Improved resolution of the dimensionality of adaptation[J]. Trends in Ecology & Evolution, 35(10): 908 - 918.

INUBUSHI K, BROOKES P C, JENKINSON D S, 1991. Soil microbial biomass C, N and ninhydrin-N in aerobic and anaerobic soils measured by the fumigation-extraction method [J]. Soil Biology and Biochemistry, 23(8): 737 - 741.

JACCARD P, 1912. The distribution of the flora in the alpine zone. 1[J]. New Phytologist, 11: 37 - 50.

JERRY F F, RICHARD T T F, 1987. Creating landscape patterns by forest cutting: Ecological consequences and principles[J]. Landscape Ecology, 1(1): 5 - 18.

KO D W, HE H S, LARSEN D R, 2006. Simulating private land ownership fragmentation in the Missouri Ozarks, USA[J]. Landscape Ecology, 21(5): 671 - 686.

KOZAK M, 2010. Visualizing adaptation of genotypes with a ternary plot[J]. Chilean Journal of Agriculture Research, 70(4): 596 - 603.

LANDE R, 1987. Extinction thresholds in demographic models of territorial populations[J]. The American Naturalist, 130(4): 624 - 635.

LI H, REYNOLDS J F, 1995. On definition and quantification of heterogeneity[J]. Oikos, 73: 280 - 284.

MARC P, JACQUES G, 2006. Handbook of soil analysis: Mineralogical, organic, and inorganic methods[M]. New York: Springer.

MARK V L, 2000. Ecology's most general, yet proteanl pattern: The species-area relationship[J]. Journal of Biogeography, 27(1): 17 - 26.

MCGARIGAL K, MARKS B J, 1995. Fragstats—Spatial pattern analysis program for quantifying landscape structure[Z]. USDA Forest Service-General Technical Report PNW.

MCHARG I L, 1969. Design with nature[M]. New York: Natural History Press.

MIRIJAM G,ALANA D B,CANG H,et al,2009. Impacts of alien plant invasions on species richness in mediterranean-type ecosystems: A meta-analysis [J]. Progress in Physical Geography,33:319 - 338.

MOORE J,KLOSE S,TABATABAI M,2000. Soil microbial biomass carbon and nitrogen as affected by cropping systems[J]. Biology and Fertility of Soils,31:200 - 210.

MORAN P A,1948. The interpretation of statistical maps[J]. Journal of the Royal Statistical Society Series B:Statistical Methodology,10(2):243 - 251.

JEROME C, HELENE C M, SIMON A L, 2002. Comparing classical community models, theoretical consequences for patterns of diversity[J]. The American Naturalist, 159(1): 1 - 23.

NOSS R S,1996. Biodiversity in managed landscapes:Theory and practice[M]. New York: Oxford University Press.

O' NEILL R V, GARDNER R H, MILNE B T, et al, 1991. Heterogeneity and spatial hierarchies,ecological heterogeneity[M]. New York:Springer.

O'NEILL R V, GARDNER R H, TURNER M J, 1992. A hierarchical neutral model for landscape analysis[J]. Landscape Ecology,7(1):55 - 61.

PAN Y, BIRDSEY R A, FANG J, et al, 2011. A large and persistent carbon sink in the world's forests[J]. Science,333(6045):988 - 993.

PASTOR J,1995. Ecosystem management,ecological risk,and public policy[M]. New York: Oxford University Press.

PAUL K I,ENGLAND J R,BAKER T G,et al,2018. Using measured stocks of biomass and litter carbon to constrain modelled estimates of sequestration of soil organic carbon under contrasting mixed-species environmental plantings[J]. Science of the Total Environment, 615:348 - 359.

PIAO S,FANG J,CIAIS P,et al,2009. The carbon balance of terrestrial ecosystems in China [J]. Nature,458(7241):1009 - 1013.

PIERCE S,NEGREIROS D,CERABOLINI B E,et al,2017. A global method for calculating plant CSR ecological strategies applied across biomes world-wide[J]. Functional Ecology, 31(2):444 - 457.

RAUNKIAER C,1934. Life forms of plants and statistical plant geography[M]. Oxford:The Clarendon Press.

ROBERT H W, 1960. Vegetation of the Siskiyou mountains, Oregon and California [J]. Ecological Monographs,30(3):279 - 338.

ROGER B J,CURTIS J T,1957. An ordination of the upland forest communities of southern

Wisconsin[F]. Ecological Monographs,27(4):326－349.

SAIYA-CORK K R,SINSABAUGH R L,ZAK D R,2002. The effects of long term nitrogen deposition on extracellular enzyme activity in an acer saccharum forest soil[J]. Soil Biology and Biochemistry,34(9):1309－1315.

SAURA S,MARTINEZ M J,2001. Sensitivity of landscape pattern metrics to map spatial extent[J]. Photogrammetric Engineering and Remote Sensing,67(9):1027－1036.

SAURA S,MARTÍNEZ-MILLÁN J J,2000. Landscape patterns simulation with a modified random clusters method[J]. Landscape Ecology,15:661－678.

SHANNON C E, 1948. A mathematical theory of communication[J]. The Bell System Technical Journal,27(3):379－423.

SIMPSON E H,1949. Measurement of diversity[J]. Nature,163:688.

STEPHEN E F, ROBERT J H, 2017. Worldclim 2: New 1 km spatial resolution climate surfaces for global land areas [J]. International Journal of Climatology, 37 (12): 4302－4315.

SUN W, LIU X, 2020. Review on carbon storage estimation of forest ecosystem and applications in China[J]. Forest Ecosystems,7:1－14.

TANG X,ZHAO X,BAI Y,et al,2018. Carbon pools in China's terrestrial ecosystems:New estimates based on an intensive field survey[J]. Proceedings of the National Academy of Sciences of the United States of Americans,115(16):4021－4026.

TURNER M G,GARDNER R H,O'NEILL R V,et al,2001. Landscape ecology in theory and practice[M]. New York:Springer.

TURNER M G,GARDNER R H,1991. Quantitative methods in landscape ecology[M]. New York:Springer.

VANCE E D,BROOKES P C,JENKINSON D S,1987. An extraction method for measuring soil microbial biomass C[J]. Soil Biology and Biochemistry,19(6):703－707.

WATTS K, GRIFFITHS M, 2004. Exploring structural connectivity in Welsh woodlands using neutral landscape models[Z]. Versailles: International Association for Landscape Ecology.

WEAR D N, TURNER M G, FLAMM R O, 1996. Ecosystem management with multiple owners: Landscape dynamics in a southern appalachian watershed [J]. Ecological applications,6(4):1173－1188.

WU H,CUI H,FU C,et al,2024. Unveiling the crucial role of soil microorganisms in carbon cycling:A review[J]. Science of the Total Environment,909:168627.

WU Y H,YANG Z Y,CHEN S R,et al,2024. How do species richness and its component dependence vary along the natural restoration in extremely heterogeneous forest ecosystems? [J]. Journal of Environmental Management, 354: 120265.

WULDER M A, WHITE J C, NELSON R F, et al, 2012. Lidar sampling for large-area forest characterization: A review[J]. Remote Sensing of Environment, 121: 196 - 209.

YANG B, LI S J, PLANNING U, 2016. Design with nature: Ian McHarg's ecological wisdom as actionable and practical knowledge[J]. Landscape and Urban Planning, 155: 21 - 32.

附录

喀斯特地区生态学野外实习调查记录表

表 A-1　气候指标测定记录表

测点：　　　　　　　　　　　　日期：　　　　　　　　　　　记录者：

指标	时间点							
	7:00	9:00	11:00	13:00	15:00	17:00	19:00	备注
空气温度/℃								
空气湿度/%								
风速/(m/s)								
太阳辐射强度/lx								

表 A-2　降水观测记录表

测点：　　　　　　　　　　日期：　　年　　月　　　　　　　记录者：

日	时段降雨量/mm								合计	备注
	2:00	5:00	8:00	11:00	14:00	17:00	20:00	23:00		
1										
2										
3										
4										
5										
6										
7										

周统计			
总降水量/mm		降水天数	
最大日降水量/mm		日期	

表 A－3　全站仪测定记录表

样地编号：　　　　　　　样地原点绝对坐标及高程：　　　　　　　日期：　　　　　　记录者：

站点	测点	杆高	仪器高	平距	垂距	水平角	垂直角	测点绝对高程	备注
(0,0)	(1,0)								
(0,0)	(0,1)								
(0,0)	(2,0)								
(0,0)	(0,2)								
(0,2)	(0,3)								
(0,3)	(1,3)								
(0,3)	(2,3)								
(2,3)	(3,3)								
(2,3)	(2,2)								
(2,3)	(2,1)								
(2,1)	(3,1)								
(2,1)	(1,1)								
(2,1)	(1,2)								
(2,1)	(3,2)								
(2,1)	(3,0)								

表 A－4　植物叶性状数据记录表

样品编号		叶绿素含量	叶片厚度	叶面积	鲜重	干重
	重复 1					
	重复 2					
	重复 3					
	……					

表 A－5　植物根性状数据记录表

样品编号		主根长度	侧根长度	根径	根体积	根系分支数
	重复 1					
	重复 2					
	重复 3					
	……					

表 A－6　植物枝性状数据记录表

样品编号	枝 1			枝 2			枝 3		
	鲜重	干重	密度	鲜重	干重	密度	鲜重	干重	密度

表 A－7　植物养分性状测定记录表

样品编号		全氮	全磷	全钾	全碳
	重复 1				
	重复 2				
	重复 3				
	……				

表 B－1　植物群落样地记录总表

调查者：		样方号：		日期：	
植物群落类型：					
地理位置	纬度：		经度：	海拔：	
地貌：			土壤类型：		
坡向：		坡度：		地形：	坡位：
群落内地质情况：			人为及动物活动情况：		

表 B－2　乔木层调查记录表

林型：　　　　郁闭度：　　　　林分组成：

海拔：　　　　坡向：　　　　坡度：　　　　记录者：

样地号	样方号	树种	胸径	树高	坐标		冠幅		生长特征	生长状态

表 B-3 种群动态变化指数表

龄级	相邻龄级动态变化指数	动态指数		
		种群 1	种群 2	种群 3
Ⅰ～Ⅱ	V_1			
Ⅱ～Ⅲ	V_2			
Ⅲ～Ⅳ	V_3			
Ⅳ～Ⅴ	V_4			
Ⅴ～Ⅵ	V_5			
Ⅵ～Ⅶ	V_6			
种群数量变化动态指数V_{pi}	—			
考虑外部干扰时，种群数量变化动态指数 V'_{pi}	—			
随机干扰风险最大值P_{max}	—			

表 B-4 种群静态生命表

种群类型	龄级	A_x	a_x	I_x	d_x	q_x	L_x	T_x	e_x	$\ln I_x$	K_x	S_x
种群 1	Ⅰ											
	Ⅱ											
	Ⅲ											
	Ⅳ											
	Ⅴ											
	Ⅵ											
	Ⅶ											
种群 2	Ⅰ											
	Ⅱ											
	Ⅲ											
	Ⅳ											
	Ⅴ											
	Ⅵ											
	Ⅶ											
种群 3	Ⅰ											
	Ⅱ											
	Ⅲ											
	Ⅳ											
	Ⅴ											

表 B-5 物种生态策略记录表

物种	叶面积/mm^2	叶片鲜重/mg	叶片干重/mg	C/%	S/%	R/%	生态策略

表 B-6 对象木、竞争木概况表

径级/cm	对象木			竞争木		
	株数	平均胸径/cm	平均树高/m	株数	平均胸径/cm	平均树高/m
<1						
[1,3)						
……						
>21						
总数						

表 B-7 种内和种间各径级竞争强度表

径级/cm	株数	种内竞争		种间竞争	
		竞争指数	平均竞争指数	竞争指数	平均竞争指数
<1					
[1,3)					
……					
>21					
总数					

表 B-8　种内和种间各树种竞争强度表

种名	株数	占竞争木总株数比例/%	平均胸径/cm	平均树高/m	竞争指数	平均竞争指数	竞争指数排名
							1
							2
							3
							…

注：竞争指数越大，表明竞争越激烈。

表 B-9　种出现与否 2×2 列联表

种 A	种 B		总计
	出现的样方数	未出现的样方数	
出现的样方数	a	b	$a+b$
未出现的样方数	c	d	$c+d$
总计	$a+c$	$b+d$	$a+b+c+d$

表 B-10　主要木本植物重要值及生态位宽度表

编号	物种	平均胸径/cm	相对密度	相对频度	相对显著度	重要值	生态位宽度		类型
							B_L	B_S	

表 B-11 优势物种生态位重叠度表

物种	1	2	3	4	5	6	7	8	9
2	**								
3	**	**							
4	**	**	**						
5	**	**	**	**					
6	**	**	**	**	**				
7	**	**	**	**	**	**			
8	**	**	**	**	**	**	**		
9	**	**	**	**	**	**	**	**	
10	**	**	**	**	**	**	**	**	**

表 C-1 样地信息记录表

样地编号		群落类型		样地面积	
纬度		地形	（ ）山地（ ）洼地（ ）丘陵		
经度		坡位	（ ）谷底（ ）下部（ ）中下部（ ）中部		
海拔			（ ）中上部（ ）山顶（ ）山脊		
坡向		森林起源	（ ）原始林（ ）次生林（ ）人工林		
坡度		干扰程度	（ ）无干扰（ ）轻微（ ）中度（ ）重度		
土壤类型					
记录人		调查时间			

表 C-2 灌木层调查记录表

林型： 样地号： 总盖度： 平均高度：

样方面积： 分层： 记录者：

样方号	编号	物种名	高度/m	盖度/%	基径/cm	生长状况	分布状况

续表

样方号	编号	物种名	高度/m	盖度/%	基径/cm	生长状况	分布状况

表 C－3　草本层调查记录表

林型：　　　　样地号：　　　　总盖度：　　　　平均高度：

样方面积：　　　　分层：　　　　记录者：

样方号	编号	物种名	高度/m	盖度/%	生长状况	数量

表 C－4　幼苗调查记录表

林型：　　　　样地号：　　　　记录者：

样方号	编号	物种名	高度/m	盖度/%	基径/cm	生长状况	分布状况

表 C－5　群落生活型谱信息

植物类型	物种数	生活型/%				
		高位芽植物	地上芽植物	地面芽植物	地下芽植物	一年生种子植物
乔木						
下木						
活地被物层						
总计						

表 C-6　不同群落类型植物生活型的重要值

群落类型	生活型				
	高位芽植物	地上芽植物	地面芽植物	地下芽植物	一年生种子植物
A					
B					
C					
总计					

表 C-7　不同群落类型植物生活型的多样性指数

群落类型	生活型				
	高位芽植物	地上芽植物	地面芽植物	地下芽植物	一年生种子植物
A					
B					
C					
总计					

表 C-8　不同群落类型植物生活型的优势度

群落类型	生活型				
	高位芽植物	地上芽植物	地面芽植物	地下芽植物	一年生种子植物
A					
B					
C					
总计					

表 D-1　凋落物现存量调查表

调查时间：　　　　地理坐标：

调查地点：　　　　记录人：

群落类型	重复	凋落物现存量					
		果实干重/g		枝条干重/g		叶干重/g	
		未分解	已分解	未分解	已分解	未分解	已分解
A	1						
	2						
	3						
B	1						
	2						
	3						

表 D-2 凋落物分解速率统计表

调查时间：　　　　　　　　　　　　　　　　　　　　地理坐标：

调查地点：　　　　　　　　　　　　　　　　　　　　记录人：

群落类型	重复	凋落物分解情况			
		凋落物层厚/cm	样袋 GPS 存点编号	埋入前干重/g	取出后干重/g
A	1				
	2				
	3				
B	1				
	2				
	3				

表 D-3 不同生态系统类型植被覆盖度

生态系统类型	植被覆盖度					
	<10	[10,30)	[30,50)	[50,70)	[70,90]	>90